静岡

shizuoka

BREAD *of* BLISS

至福のパン

30軒のおいしい物語

ふじのくに倶楽部 著

MATES -PUBLISHING

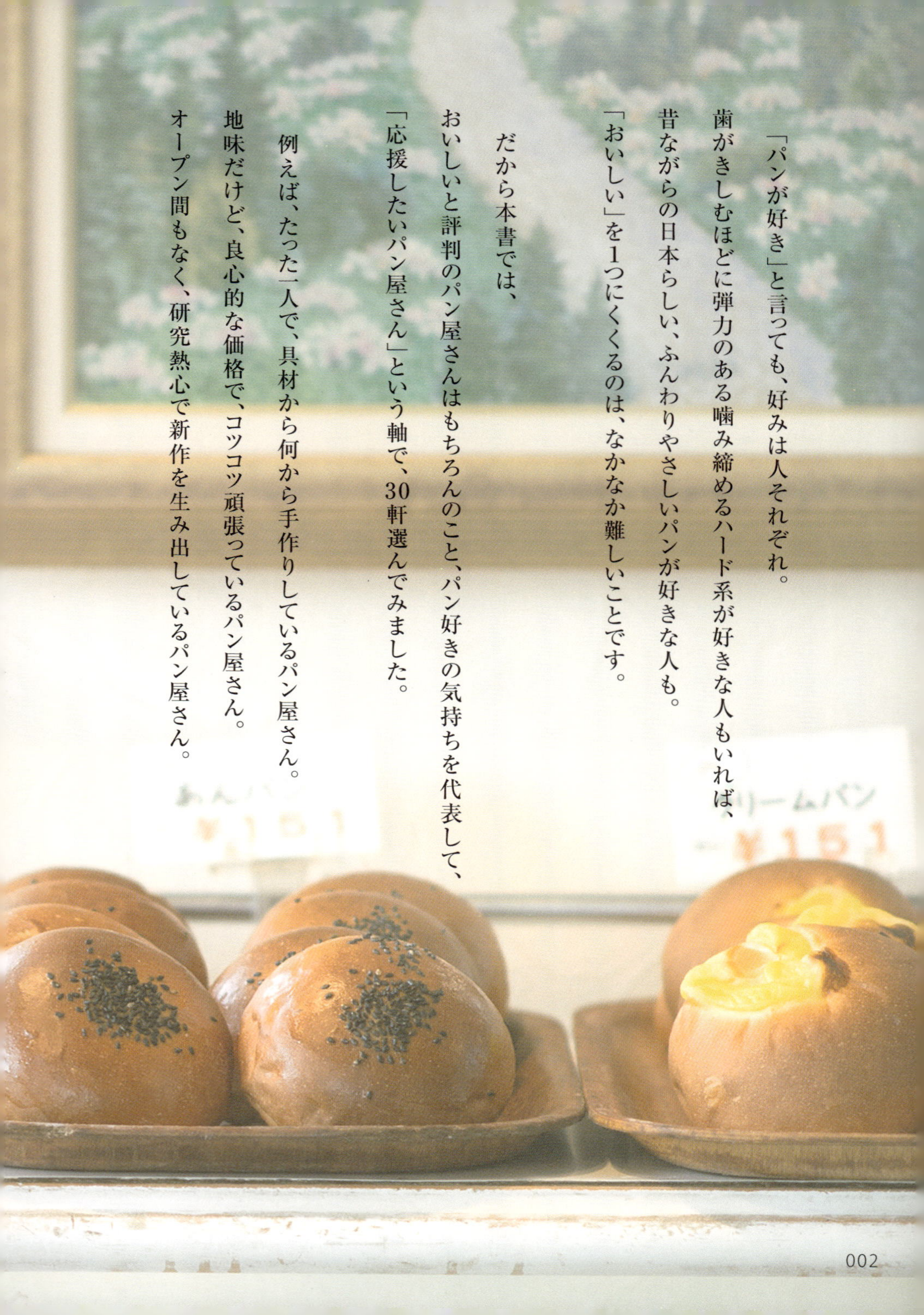

「パンが好き」と言っても、好みは人それぞれ。
歯がきしむほどに弾力のある噛み締めるハード系が好きな人もいれば、
昔ながらの日本らしい、ふんわりやさしいパンが好きな人も。
「おいしい」を1つにくるのは、なかなか難しいことです。

だから本書では、
おいしいと評判のパン屋さんはもちろんのこと、パン好きの気持ちを代表して、
「応援したいパン屋さん」という軸で、30軒選んでみました。

例えば、たった一人で、具材から手作りしているパン屋さん。
地味だけど、良心的な価格で、コツコツ頑張っているパン屋さん。
オープン間もなく、研究熱心で新作を生み出しているパン屋さん。

数は少なくても、いい素材にこだわって真面目に作っているパン屋さん。
小さな町で、地元に愛されている大型店に負けないパン屋さん。

それぞれ作っているパンは違っても、
共通しているのは「真面目に、作っている」こと。
そんな町の小さなパン屋さんを「応援したくなる」という気持ちなら、
パン好きの多くの人に共通したものがあるように思います。

パンが好きで、新しいパン屋さんができたら、
ついつい遠くても、買いに走ってしまう人。
それでも、近所にやっぱりここ、と決めている、
食いしん坊さんにこそ、この本を手にとっていただきたい。
もし本書に、新たなるお気に入りが1軒増えたら、幸いです。

目次

静岡
至福のパン
30軒の
おいしい物語

甘夏とクルミ
@180yen

パクチーとベーコン
パクチーに合うソースとベーコンを合わせたパンです!
550yen
塩ぱん 150 yen
フランス産のゲランドの塩をふりかけてあります

小さなお店に並ぶ大らかな店主の大きめ絶品パン

BOULANGERIE 伊藤屋

●静岡市葵区

住宅街に佇む小さな山小屋のようなお店。水のせせらぎを耳に、緑溢れるお庭を数歩進み、赤い引き戸を開く。「こんにちは」と柔和な笑顔で迎えてくれるのは店主のお母さん。奥でパンを焼いている大きなその人が、店主の伊藤さんだ。棚には「さあどうぞ、大きな口で頬張って！」と言わんばかりに堂々としたパンが並ぶ。大きめでよく焼けた元気いっぱいのパンは、常時20～30種類。レシピは特に残さず、勘を頼りに作ることもあるという伊藤さん。三温糖を使ったり、ゲランドの塩を使ったり、いい材料を使いつつも、決してストイックにならず「こんなものでしょ」と大らかに作られるパンのどれも美味しいこと！

ここには魅力的なギャップが多くある。ヨーロッパで修業をし、各地のパンの美味しさを存分に吸収しつつも、「実はお米が好き」という伊藤さんのパンは、どれも噛み応えがあって、強くしっかりした印象だけれど、味わいは繊細。剛速球、だけど、コントロール抜群なのだ。ビールによし、ワインにもよし。そのまま食べても美味しいし、何かに合わせても、いい土台に徹してくれる包容力がある。たっぷり詰まったフィリングや、パクチーやペッパーなどの絶妙なアクセント、ごろりと乗っかった大きな具材は、どれも食いしん坊にはたまらない。「本当は小さく作りたいんだけど、美味しく食べて満足してもらいたいし、具もしっかり入れたい、と思ったら、自然とこの大きさになっちゃった」なんてサービス精神に溢れている。硬派なハード系の食事パンが中心だが、コッペパンやクリームパン、メロンパンなど、「実はこれみんな好きだよね」という昭和の懐かしのパンたちが揃っているところも嬉しい。

パン作りで大切にしていることを聞くと、意外にも「既存のものを使わず、安心で安全なものを提供すること」というシンプルな答え。食べるものを扱うからこそ、リピートで通ってくれる常連のお客さんが多いからこそ、まずは安心安全を徹底する、そんなお店の基本はオープン当初からずっとブレないそうだ。「おいしさはその後だよ」。と伊藤さんはさらっと言うけれど、「その後」のレベルの高さが生半可じゃないことに、思わず唸ってしまう。

あんバター
220円

こっぺぱんかフィセル、好みのパンにその場で自家製のあんとバターをはさんでくれる。小豆の風味とバターの塩味のバランスが絶妙

カレーぱん
290円

こんがりと色よく揚げられた大ぶりのカレーパン。中にはスパイシーなフィリングがたっぷり

クリームぱん
200円

ふっかりとした山型のクリームパン。たっぷり詰まった自家製のカスタードはかすかに塩が効いてシャープな後味

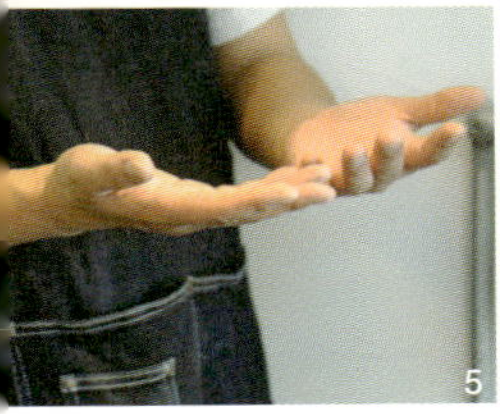

1_大ぶりなチョコがゴロゴロ入った、チョコ好きにはたまらないチョコパン　2_こっぺぱんかフィセル、パンをえらんでクリームをはさんでもらう　3_バリッ、カリ、パリリ、と食べる前から気持ちのいい音が聞こえてきそうなハードパン　4_お店のサインや細部もおしゃれ　5_大きな伊藤さんのこの繊細な手から絶品パンの数々が生み出される

6_店内にはやさしい光と小麦のかおり　7_庭の緑、黒い外壁、赤い引き戸。コントラストが鮮やかな山小屋風の外観

DATA

BOULANGERIE　伊藤屋

静岡市葵区西千代田町23-11
054-248-2264
9:00～18:00（売り切れ次第閉店）
日曜・月曜休
駐車場1台
新静岡駅から車で約10分

bon appetit !

切っても切っても
大納言の行列

どこを切ってもたっぷり入った大納言がぐるりと現れるのが嬉しい。ツンと立った耳と、香ばしいケシの実もポイント。　大納言ハーフ270円

※価格はすべて税抜

さりげなくとびきり上質な
いいパンのお店

ボンパン

●藤枝市

最近のお店には珍しく、ホームページもＳＮＳもない。どんなお店かわからないけど、どうも筋の通った美味しいパンらしい。不安と期待を抱きながら、ガラス張りの明るいお店を訪れた。

　このお店を営むのは、小柄で控えめなシェフの佐野嘉昭さんと、長身で歯切れのいい美佳さん夫

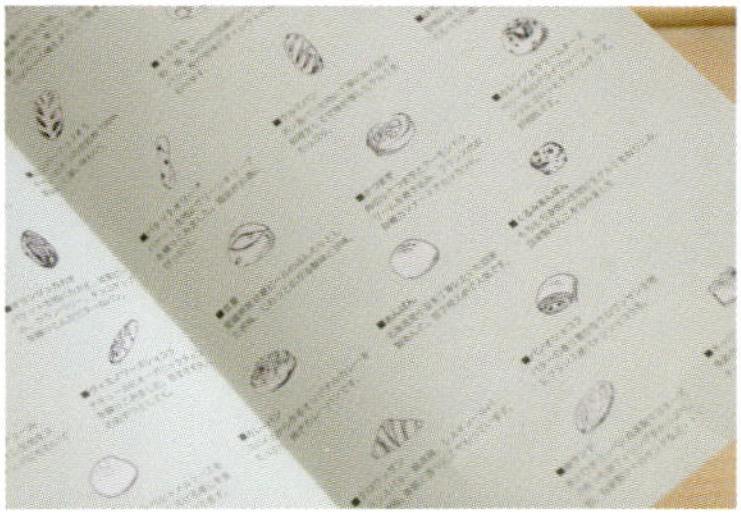

妻。個性は違うけれど、２人とも食べることが大好きなパン職人。潔く、高い志も同じ。東京の「メゾンカイザー」や、「３６５日」の杉窪シェフなどのもとで研鑽を積んでいる。旅行で訪れた時の本場のフランスパンの美味しさに感動し、その土地、水、風土に根ざしたパンと、生活の中で日常になっているパン屋のあり方に魅了され、２０１５年にお店をオープン。

「ボンパン」は、フランス語で「いいパン」。シンプルで、誰にでも親しみやすい店名だ。２人にとって、いいパンは、余計な事をせず、素材そのものの味、旨味を引き出した、ただそれだけで美味しいと思えるパン。「それはおのずと心にも体にもいいはず」。そんないいパンを目指して日々精進しているという。「自分の子どもにも食べさせたいパンを」と、国産小麦を１００％使用し、保存料や添加物などは使わない。だから、時間が経てば固くなる。けれど、固くなっても、噛むほどに、じんわりと粉の旨味がほどけてくる。あんこやベシャメルソース、ハムやベーコンにいたるまで自家製を貫くことにも驚く。常連さんが「これ、おいしいのよ」とすすめてくれたツナサンドは、ツナまでシェフの手作りだ。その実力は一口食べれば、納得。さりげなくはさんである具材それぞれの美味しさが、しっかり伝わってくる。噛んでいると、嬉しくなって、思わず姿勢を正してしまう。

　バケッド、食パン、クロワッサンが美味しいパン屋は信頼できる。その点でも「ボンパン」は間違いない。定番パンを中心に、旬の具材や、季節を取り入れた約50種類のパンは、けして華美ではないけれど、どれも丁寧につくられていることが見てわかる。声高に宣伝をしないのも、誠実にパンに向き合いたいがゆえ。それでも、美味しいもの好きの人の嗅覚をしっかり捉え、常連のお客さんが当たり前のように「これこれ！」とお気に入りを手に取っていく。いいパンが、とびきりの上質が、さりげなく日常にとけこんでいる。

1_正直で清々しい人柄が溢れる笑顔に、いいパンに違いないと確信する。2_清潔感があって居心地のいい内装は大工さんである美佳さんのお父さんによるもの

ツナサンド 300円

自家製ツナとミニトマトとアスパラが目にも爽やか。粉の旨味と瑞々しい具材が互いを引き立て合う

100%
210円

粉、塩、水のみでつくられた究極のシンプルパン。噛むほどに粉の旨味がダイレクトに伝わる

ルバーブ 250円

福島の島田農園のルバーブを自家製ジャムに。赤く甘酸っぱいジャムと香ばしいクランブルがいいコンビ

3_ガラス張りの外観は、明るく開放感がある　4_5_体にも心にもよさそうなパンが、きちんと書かれたPOPのもと、きちんと整列している　6_「これがおいしいの」と、どのパンにもちゃんとファンがついている

3

6

4

5

DATA

ボンパン

藤枝市田沼1-26-26　B-アイランド　F号
054-637-9795
9:00～18:00（売り切れ次第終了）
日曜・月曜定休
駐車場2台
藤枝駅南口から徒歩8分

bon appetit !

この店の真価を知るなら やっぱりハード系

オーガニックのグリーン、ブラックレーズンを使用。レーズンの甘味、くるみの歯ごたえ、粉の旨味、それぞれが際立っていて小気味いい。くるみと2種のレーズン230円

※価格はすべて税抜

この店ほど外に行列が並ぶパン屋は珍しい。それでも、外で待っている人たちはみんな笑顔で、少しも苛立った様子は見られない。並んででも、待ってでも買いたい、そんな魅力がこの店には詰まっているからだ。

思わずニコッとなってしまう、魅力の詰まった店

nico

●静岡市葵区

対面式の売り場はわずか2坪ほど。「こんにちは！元気にしてた？」「この前もらったブドウ、おいしかった～」なんてめぐみさんの明るい声が飛び交う。そこに60種類ほどのパンがギュッと並び、お客さんもギュッと肩を寄せ合い、次々と飛ぶようにパンが売れていく。活気があり、そこにいる人はみんな笑顔で喋りながら、そのくせ真剣な面持ちでパンを選んでいる。なんだかまるで朝市のようだ。買いたいものが多くて迷いながらも、お喋りが楽しくて、買うこと自体がとても楽しい。店を出る時には「いい買い物をした」という満足感に満たされている。これぞ日常の幸せ。この店は使ったお金以上の幸福感を与えてくれる。だから、みんな時間を惜しまず、並んでいる。

　待っている人の熱い視線を浴びているパンは1つじゃない。それぞれのパンにちゃんとファンがついて

いるからこそ、数個ずつ作られた多種多様なパンがキレイに売れていく。「それぞれのパンに、買う人の顔の浮かぶんです。このパンはいつもあの人が買いに来てくれるから、このパンはあの人が好きだから、なんて思っていたら、どんどん種類が増えちゃって。誰が来ても何かほしいものがあるといいと思って」とご主人。厨房は店の何倍も広いが、たった1人ですべてのパンを作る。ご主人の小杉哲也さんは、「ベッカライ徳多朗」などで修業した後、独立。価格は日常使いできるよう手頃で、でも具材もジャムもすべて手作り。これほど忙しいのに、わざわざ農園を借りて自ら育てた野菜を使ったり、ついには油まで作れないか、なんて考えている。どこまで職人なのか。こんな店は他にちょっとない。

目の前には蓮池があり、のんびりとした住宅地。高級なデパー

1

2

パインマンゴーペストリー
280円

ジャムも自家製で、しっかり甘みのあるケーキのような一品

クロックムッシュ
200円

ルヴァンを使った生地のおいしさが際立つクロックムッシュ

レンコンのタルティーヌ
260円

レンコンのタルティーヌ260円は野菜がシャキシャキ!具材は季節によって変わる

トに並ぶようなパンでもなく、限定何個と決められたような名物を目指して血眼になった人が押し寄せる店でもなく、半径５００メートルの範囲の人に来てもらえればいい。そんなことが店づくりに伝わる。

DATA

nico

静岡市葵区緑町6-30
054-248-5565
10:00〜売り切れまで
日曜・月曜休
駐車場7台
静鉄バス「銀座町」バス停下車で徒歩5分

bon appetit !

注文が入ってから具を挟んでくれる「コッペパン」

コッペパンそのものも70円で売っているが、そこに自家製あんこと発酵バターを使ったあんバター、自家製のジャムバター、ピーナッツ、ミルククリームなどを入れてもらうことも。あんバター200円

1_レジ前には子どもが待てるように、おもちゃを少し置いている。そんな心配りも愛されるゆえん　2_ご主人の小杉哲也さん。取材を受けながらも手は止まらない　3_バタールも人気の商品。もっちり食べごたえがある　4_5_甘めのパンから惣菜パンまで、その1つで満足できるパンがズラリと並ぶ　6_惣菜パンの具となる野菜の一部は自分で育てたものを使用

4

6

5

3

ワタナベーカリー
本日のおすすめ
おやきパン
営業時間
定休日 毎週日曜・月曜

美味しさの秘密は長時間発酵。甘みのあるふんわりパン

小さなパン屋さん　ワタナベーカリー

●静岡市葵区

こんなところに？と思うほど自然豊かな場所にあるパン屋さん。オープンして3年。店主である渡邉誠さんは大手や個人店のパン屋さんを経て独立。「お店を出すなら自分の生まれ育ったここ足久保でやりたい、って前から思っていたんです。足久保にこんな店があるよ、って発信できたらと思って」と微笑む。

渡邉さんのベーカリーだから『ワタナベーカリー』。ちなみに営業時間の『だいたい8時くらいから18時ぐらいまで』というフレーズもなんだかほのぼのしていて癒やされる。パンが早く焼けたり、お客さんの姿が見えたらちょっと早くても店を開けたりするのだとか。そんなところからも店主の人柄が伝わってくる。

お店の名前を冠した「ナベ食パン」はまず最初に試してもらいたい一品。低温でじっくり発酵させる方法で作った食パンは甘みがあり、小麦の美味しさがとても伝わってくるふわふわ食感が楽しいパン。生でそのまま食べたりサンドイッチに向いていると評判だが、軽くトーストするとキメの細かさと甘みをより感じられ、また違った魅力を味わえる。そして低温発酵のもうひとつのポイントは次の日でもパンの美味しさが変わらないところ。買ったその日は美味しかったのに、次の日になったら、あれっ？となった経験はないだろうか？その点、ナベ食パンは翌日もふわふわで小麦のいい香りと生地の甘さは変わらなかった。なお、お店では6種類の小麦粉を使い分けており、パンの種類によって配合を変えお店で独自にブレンドしているのだそう。地元のおじいちゃんや小さな子供がよく買いにくることもあり全体的にはふんわり系のパンが多いが、それぞれの香りや味わいの違いを比べてみるのも楽しいだろ

う。

「細く長く、これからもずっとパン屋さんをやっていきたいです」と話す渡邉さん。次々に新商品を出すやり方もあるけれど、ワタナベーカリーの場合はリピーターが多く、このパンを気に入っているお客さんの顔が、それぞれのパンを見ると浮かぶため、商品の入れ替えはあえて最小限にとどめるようにしている。それだけひとつひとつのパンに根強いファンがいるということだろう。

ベーグル（ブルーベリークリームチーズ）　180円

日替わりベーグル。一般的なベーグルとは違う、軽くてふんわりした食感に驚くかも

ベーグル（ペッパーチーズ）
180円

同じくふわふわ。ダイス状のチーズがコクがあって美味しい。ペッパーがアクセント

イチジクとクルミ
220円

ローストしたクルミがたっぷり。イチジクのプチッとした食感も良い。翌朝でも香りの豊かさはそのまま

1_2_パウンドケーキやレモンケーキなどの焼き菓子も。ギフトとして人気!　3_もっちり系パンが好きな人には「白神食パン」がおすすめ　4_木製のパン箱はなんとご主人の手作り。店内のあらゆる棚も手作りしており器用さに驚く　5_ハンドメイド雑貨やアクセサリーも販売中

6_消しゴムはんこで作ったショップカードと紙袋。これもご主人の作品　7_実はお店自体、店主と奥様が壁を塗ったり、足場板を調達してきたりと、かなりDIYされている

DATA

小さなパン屋さん　ワタナベーカリー

静岡市葵区足久保口組672-65
054-296-5107
だいたい8時くらいから18時ぐらいまで
日・月休
駐車場1台
新東名高速道路新静岡ICより車で6分

bon appetit !

子どもも喜ぶ、
かわいいパン発見!

食べるとニッコリしちゃうから「ニコパン」。チョコとカスタードがある。ふんわり生地とマッチしていてあっという間にペロリ。　ニコパン 160円

色彩豊かなパンと
シェフの感性がちりばめられた店

Boulangerie Mosaïque

●藤枝市

藤枝の県立武道館のほど近く、フランス国旗が目印だ。白がベースの明るい店内には、フランスらしいバゲットやクロワッサンなどを中心に、日本らしい取り合わせのパンや、イタリア的な雰囲気をもつものまで。バラエティと色

彩に富んだパンが、モザイクのように互いを引き立て合いながら並んでいる。

そんな個性豊かなパンを生みだすシェフの坂田和士さん自身も、ユニークな経歴の持ち主だ。もともとは製造業で樹脂素材の開発をしていたという。数ある趣味の1つが高じて、週末に東京のル・コルドン・ブルーに通うことに。本格的にパン作りを学ぶうちに、いつのまにか粉の配合や、自家製酵母の探究に没頭するようになったという。今では地元の藤枝北高校の食品サイエンス部と共同で、藤枝麹菌を使った自家製酵母パンを開発したり、各種イベントに出店したり、地域に根づきながら活動の幅を広げている。

風の吹くまま気の向くまま、飄々として見える坂田さん。研究熱心で、店内をあちらこちらへと回遊しながら誠実にパンに向き合っている姿が印象的だった

が、「モザイクのパンはこうなんだ」といったこだわりや気負いは皆無のようだ。「なるべくいいものを使って、美味しくて、おしゃれなパンだったら喜んでもらえるかな」と照れくさそうに笑う。もしかするとパンも捉えどころのない風味なのかなと食べてみると、その想像は嬉しい方に裏切られる。どれもピタリと焦点の合った味わいなのだ。食パンはソフトで食パンらしく、バゲットはパリッとあくまでもバゲットらしく。それぞれ香りや弾力の特徴がはっきりしていて、噛むごとに素材の味がしっかり伝わってくる。逸品揃いの定番のパンをそのまま味わうのもおすすめだが、ここでは、ぜひ、サンドイッチやタルティーヌ、ホットドッグなどの調理パンも試してほしい。イチジクとブルーチーズ、タンドリーチキンと夏野菜など、おしゃれで美味しい掛け算が巧みに仕組まれている。きち

クランベリーとカシューナッツのクッペ
280円

自家製天然酵母のパンに甘酸っぱいクランベリーと歯ざわりが楽しいカシューナッツが入ったパン

コーンと枝豆のタルティーヌ
200円

コーンと枝豆が溢れんばかりの色鮮やかなタルティーヌ。コーンの甘さとプチプチした食感がたまらない

はちみつローストナッツとカマンベールのサンド
380円

ナッツの香ばしさ、はちみつの甘さ、チーズのまろやかさを最後に締める黒胡椒がアクセント

んと手間ひまかけられた具材が、惜しげもなくたっぷり盛られ、ルックスも魅力的。もちろん、その真価は食べてみてこそわかる。「モザイク」のパンにはシェフの類まれな感性が散りばめられている。

DATA

ブランジェリ　モザイク

藤枝市前島3-5-6
054-639-9105
9:00〜18:00(売り切れ次第閉店)
水曜・木曜休
駐車場3台
JR藤枝駅から徒歩10分

bon appetit !

溢れる旨味とサービス精神

ソーセージと自家製ベシャメルソースとチーズの黄金コンビ。たっぷりの具材を支えるパンもしっかり美味。　ホットドッグ300円

1_明るい光がさしこむ店内にはかわいい飾りパンも　2_酵母を探求する坂田さんのパンはどれも風味が豊か　3_クープからたっぷり入ったドライフルーツが顔をのぞかせる　4_トマト、かぼちゃ、ほうれん草の3色が鮮やかなパンドミアルルカン。モザイクらしい一品

・パン・ド・ミ（角食パン）
・バゲット
・パン・ド・ミ セサミ（黒ゴマ食パン 月・水・金）
・パン・ド・ミ グラハム（全粒粉食パン 火・木・土）
・セーグル バゲット（ライ麦入りバゲット 火・木・土）
・サンドイッチ（食パンで作るサンドイッチ 火～土）
AM10:30～
・パリジェンヌ（パリ風のバゲットサンド）
・ニソワーズ（ニース風のバゲットサンド）
AM11:00～
・パン・オ・レ
・ハード系パン
AM11:30～
・生クリーム入りのパン
・ピッツァ
気温や生地の状態で焼き上がり時間が前後する場合もございます。何卒御了承下さい。
ミルクパン ¥80

フランス料理店で使われる本格バゲット

ブランジュリ　メルシー

●静岡市清水区

清水区の住宅街にある、可愛らしいパン屋さん。佇む雰囲気が醸し出す、美味しい店に共通するオーラみたいなものを感じて入ってみると、その予感はみごと的中。こぢんまりとしたお店の中はパンのいい香りで満たされ、所狭しと魅力的なパン達が個性を競うかのように並んでいる。

まず一番に目が行くのはバゲット。やや焦げ目のあるこんがり焼けた姿はクープのエッジがきれいに立っており、パン好きにはたまらないビジュアル。「市内のフレンチレストランなどに使っていただいてます。お料理に合わせやすいみたいで…」と話してくれたのは店主の池田公喜さん。撮影のため断面を見せてもらうと、クラムの気泡がボコボコとランダムに入っておりまさに理想的。一口いただくと、外はパリッ、中はもっちり。適度な弾力と品の良さを感じる奥深い味わいに、職人の丁寧な仕事ぶりが伝わってくる。ここまでレベルの高いバゲットに巡り合えることは、あまりない。

パンづくりで一番気を使うのがこのバゲットだという。「シンプルゆえに、ちょっとしたことで焼き上がりが変わってしまうため、温度や湿度は毎朝チェックして発酵時間を調整しています」とのこと。この店のパンが美味しいもうひとつの秘密が『溶岩窯』だ。富士山の溶岩を使用した窯の遠赤外線効果でハード系はパリッと、ソフト系はふんわりと焼きあがる。この違いはぜひお店で味わってみてほしい。

バゲットと並ぶ名物パンとして知られているのが「カレーパン」。フィリングも一から手作りでほかのお店にはちょっとない味だ。通常フィリングは市販のものを使うお店が多い中、手作りにこだわるのは自分達の目指すものを提供したいからという意志のあらわ

2

1

れ。何度も試作を重ねてようやくできたという渾身のカレールーは野菜と肉のうま味がぎゅっと詰まったやみつきになる味。よりコクと甘みを求める人には「チーズカレー」がおすすめだ。フルーツの甘みとチーズのミルクの風味が広がる甘口で子どもでも食べやすい。

自分たちで作れるものは一から手作りし、手間暇かけて作られているけれど価格はリーズナブル。ケーキのような特別なものではなく、日常食べるものだから安心安全なものを買いやすい値段でという心意気にも頭が下がる。近くに住んでいればいつでも買いに行けるのに、とメルシーの近くに住んでいる人を羨ましく思わずにはいられない。

ブルーベリーデニッシュ
324円

地元のブルーベリーと、手作りカスタードの相性抜群！季節限定商品

パリジェンヌ
349円

ハム、チーズ、トマトなどをはさんだ、パリ風のバケットサンド。パンの美味しさが際立つ一品

6

3

5

4

1_バゲット。香りの良さと生地の美味しさに夢中になってしまう。1本319円　2_カレーパンはラグビーボール型。売り切れ必至の一品だ　3_タルティーヌ。甘～いたまねぎとチーズがたっぷりでボリューム満点!　4_ほんのり甘いパンは子どもや年配の人に人気　5_富士山溶岩窯。美味しいパンはここから生まれる　6_可愛らしい外観に惹かれてやってくる人も多いそう

DATA

ブランジュリ　メルシー

静岡市清水区江尻台町15-19
054-368-4138
10:00～19:00　※売り切れ次第終了
日曜・第3月休
駐車場2台
JR清水駅から車で5分

bon appetit !

魅惑のカレーパンは
一度食べてみる価値あり!

人気No1のメニュー。手作りのカレーならではのじっくり煮込んだ旨みがたまらない！
チーズカレー265円

SANDWICHES HERE!
CAFE
DELICIOUS!
FRESH BAKED HOT MEAL

天然酵母のナチュラルな甘み

nature やさしいぱんとひととき

●静岡市葵区

雰囲気のある洋館、グリーンが風にそよぐ軒先、ガラスと木とアイアンのドア。パン屋さんの激戦区、静岡市の安東界隈でも「おや?」と行き交う人の足を止めるのがナチュールの佇まい。決して派手に主張しているわけではないのに、まとっている空気が違い、ちょっとドアをノックしてみたくなる外観なのだ。

「全部、自家製の天然酵母でやろう」。お店をオープンする時、オーナーの安楽亨子さんと店長の横井美和さんはそう決めたという。ナチュールのコンセプトは「お母さんが作ったような、心がこもっていて、堅苦しくないものを」。母の存在は、パン屋さんを起業したきっかけにも関わっている。以前、安楽さんのお母さんが病気でものを食べられなくなった時、天然酵母のパンだけは食べられたのだという。食欲のない母が手に取るパンに興味を持ち、そこからパンの勉強がスタート。「人が食べたくなるパン、おいしいパンって何だろう」。猛勉強の末、「本当においしいパンには、可能性があると思うようになりました」。おいしさを追求していく中で生まれたナチュールのパンには、季節や旬が出ていて、さりげないのにビジュアルも美しい。それもそのはず、安楽さんと横井さんは美大の彫刻科の同級生で、もともと美しいものを愛する審美眼を持つ。パンをこねるのは粘土に似ていると思うこともある。「パンには、思わず手を伸ばしたくなる見た目、見栄えすることも重要だと思っています」。

２０１４年にリニューアルオープン。それまでも熱心なファンは多かったが、「もともとの建物は普通の民家でしたし、もっともっとパン作りに適した作りにしたいという思いもあって」と横井さん。リニューアルして大きな機材

を入れることができ、2階でパン教室などのワークショップも開催可能に。ナチュールの「やさしいぱんとひととき」のイメージが少しずつ形になり、人気を集めている現在、パンは昼過ぎにはすべて売り切れてしまうことも。ねらい目は、ワンコイン500円で日替わりのパンやサンドイッチと飲物がセットになったモーニングタイム。出勤や通学前に立ち寄れる8時オープンも嬉しい。朝からご機嫌になれる魔法の場所を覚えておきたい。

ミルキーブリオッシュ
150円

バターをリッチに使った、ナチュール自慢のオリジナルブリオッシュ。リベイクすると更に、四葉バターの優しい風味が感じられる

ミルクハースぷちぱん
200円

ミルクハース生地をテーブルはサイズに焼き上げたもの。酵母の甘さが感じられる生地が小さなサイズになり「食べ切りやすい」と大人気

ヘーゼルナッツとオレンジチョコのライ麦バトン
250円

ライ麦の全粒粉を使った生地に自家製オレンジピール、チョコ、ヘーゼルナッツが加わった、食べごたえのあるハード系のパン

1_ハード系のパンは噛みしめるほどに甘味が広がる　2_種類が豊富な食パン　3_トマトとカマンベールのパニーニなどサンドイッチのラインナップも魅力的　4_中の層がしっかりしていて味わい深いクロワッサン　5_「絶妙なモチモチ感と塩加減!」とフォカッチャのファンも多い　6_人気の食パンに、次々お客の手が伸びる

7_さじかげんのジャムや琉球マスタードなどパンとの相性が抜群のものも「セレクトアイテム」として販売中　8_その名の通り、ナチュラルな白い外観が目印

DATA

nature やさしいぱんとひとときき

静岡市葵区北安東3-22-1
054-246-7600
モーニング8:00〜10:30
パンの販売10:30〜なくなり次第終了
日曜・月曜休
駐車場7台
しずてつジャストライン大浜麻機線「北安東3丁目」バス停前
※季節により商品の変動あり

bon appetit !

甘酸っぱいマフィンは冷やして食べるのもおすすめ

静岡産抹茶と茶葉をたっぷり使った生地にホワイトチョコとフランボワーズをプラス。甘酸っぱくミルキーなマフィンができ上がり。　緑茶とフランボワーズミルク280円

隠れた名店なんてよく言うが、ここほど隠れている店もそうはない。由比駅から薩埵峠に向かう途中、「河西新聞店」と書かれた看板の細い路地を歩いていく。「本当にこんな場所にパン屋が?」とそろそろ自分を疑いはじ

パンにエスプレッソを融合。新聞店が営む店

NEWS by 河西新聞店

●静岡市清水区

めた頃、高台に「ＮＥＷＳ　ｂｙ河西新聞店」が現れる。目の前に海が広がり、プライベート感に溢れている。晴れた日には、この風景を目にしただけで、ちょっとした旅気分になれるだろう。このユニークな店を作ったのは、小さな町の新聞店のご主人。２０１７年にオープンしてから、口コミで話題になり、遠方からわざわざ足を運ぶ人も多い。

　河西新聞店のご主人の河西健さんは、焼津の「カフェバール・ジハン」でコーヒーの修行を積んだ。そしてパン教室の講師を務めていた奥さんとともに店を開いた。なので、この店はパン屋でもあり、コーヒー店でもある。基本的にコーヒーをご主人が、パン作りを奥さんが担当する形で完全分業しているが、エスプレッソとパンを融合させた夫婦合作パンもあるのが特徴的。クッキー生地のロゴ入りコーヒーカップにエスプレッソ

を注いだ、器まで食べられる「エコプレッソ」は、一度は頼んでみたい品。カップの内側はアイシングされているためエスプレッソがこぼれず、じわじわと甘さも滲み出てくる。エスプレッソを飲み干した後のクッキー生地もコーヒーの苦みが加わって、相互においしくなる関係。

パンは富士山の溶岩窯で焼き上げ、遠赤外線の効果によって生地に水分を多く残すことで、食感豊かに仕上げている。基本的にはやわらかいパンが中心で、なかでもオススメは宮内庁御用達のあんこ屋さんに特注したあんこを使ったあんぱん。こしあんのあんこは一般の上生菓子に使用されるあんこのようにキメ細かく、とてもなめらか。この味なら、この価格もうなずける。よく喫茶店などのケーキがおいしくコーヒーによく合う、というおつまみ的な発想があるが、この店のパン

こしあんぱん
194円

特注のあんこを使用した、白玉だんご入りのあんぱん。キメ細かい餡がもっちりした生地とベストマッチ

も、いずれもご主人が淹れる自家焙煎のコーヒーと相性がぴったりだ。

　テイクアウト専門ながら、外にベンチに腰掛けてコーヒーとパンをいただくのも格別。木・土曜日限定のミルク食パンもあるらしい。この店には、ニュースと同じように、いくつものストーリーを感じる。

DATA

NEWS by 河西新聞店

静岡市清水区由比寺尾63
054-375-2507
11:00〜16:00
日・月・火曜休
駐車場4台
JR由比駅より徒歩10分

bon appetit !

それぞれのこだわりが一つになったパン

エスプレッソをたっぷり使った生地と、ミルククリームのほど良い甘さが口のなかで溶け合うパン。エスプレッソミルク183円

1_クッキー生地の器まで食べられる「エコプレッソ」、一杯626円　2_店主の河西健さん・千鶴さん夫婦　3_河西新聞店の裏手に当たる隠れ家的な店。遠くに駿河湾を望むロケーション

住宅街にある、白を基調としたスタイリッシュな外観。目立つ看板もなく、ここがパン屋さんだと知らなければ通り過ぎてしまうくらいさりげなく佇んでいる。ギャラリーのような雰囲気の扉を開けると、これまた整然と並べ

一つ一つがとても丁寧
ハード系に注目の個性派パン屋

Pain de ours

●焼津市

られた美しいパン達が出迎えてくれ、その光景に思わずテンションがあがってしまう。セルフではなく、選んだパンをお店の人がトレーに取ってくれる対面販売スタイルは外国のベーカリーを思わせるつくりだ。

「対面販売にしたのは昔の八百屋さんや魚屋さんのように、コミュニケーションが取れるお店にしたかったから。ショーケースに入れることで衛生面でも安心できるかと思って」と話すのはオーナーの熊切憲一郎さん。スマートで物腰やわらかな印象の熊切さんは東京のベーカリーで修行後、独立。店をオープンして8年目を迎え、2018年1月、ここ小川に移転した。夫婦二人三脚、息の合ったコンビネーションで作られるパンの魅力は何と言ってもその丁寧な仕事ぶり。クープの美しさや焼き色といったパンの見かけはもちろん、程よく入っている気

泡や、モッチリとパリパリが共存している食感など、一口食べればクオリティの高さとパンに対する愛情がわかるはず。

そして、もうひとつ魅力を挙げるならば厨房の美しさ。ふだんは仕切られているので直接見ることはできないけれど、取材でお邪魔した際は鏡のようにピカピカに磨かれている厨房に「ここで本当にパンを作っているんですか？」と聞いてしまったほど。余計な物が一切置かれていない、スッキリと整理整頓されている厨房は見ていてとても気持ちよく、ああ、こういった姿勢がパン作りにあらわれるんだなと思わずにはいられない。

お店の一番人気は食パン。長時間発酵で作る食パンは生地の美味しさが際立っており、もっちりとした食感がやみつきに。卵や乳製品を使っていないためアレルギーの人でも安心して食べられ

メロンパン
140円

バターたっぷり、ブリオッシュ生地のリッチなメロンパン。きめの細かいふんわり系でエアリーな食感

ミルクダマンド
216円

クロワッサン生地から練乳がじゅわっと出てきて美味しい。甘くてスイーツとしても楽しめるパン

レーズン丸
140円

日替わりで具が変わるのでその日のお楽しみ。この日はフレッシュで香りの良いレーズン。弾力あるモチモチ生地もいい

るのも嬉しい。電話での予約は受けていないため、手に入れるには早い時間の来店がおすすめだ。またファンが多いハード系のパンも試してもらいたい逸品。オーナー自身、一番好きなのがハード系パンであり、全国食べ歩きをしているだけあってハード系に対する思い入れは人一倍。そもそも独立したきっかけも「自分の作りたいパンを焼きたい」という探求心から生まれたもの。これからの進化が楽しみなパン屋さんだ。

DATA

パン ド ウルス

焼津市小川2721-2
※区画整理中のため住所未確定
054-659-7799
日曜・月曜休
駐車場4台
焼津駅から車で10分

bon appetit !

ハード系と食パンは必食!

ゴルゴンゾーラの塩味とはちみつの甘さがクセになる極上パン。食感のコントラストが楽しい。 イチジクとゴルゴンゾーラ270円

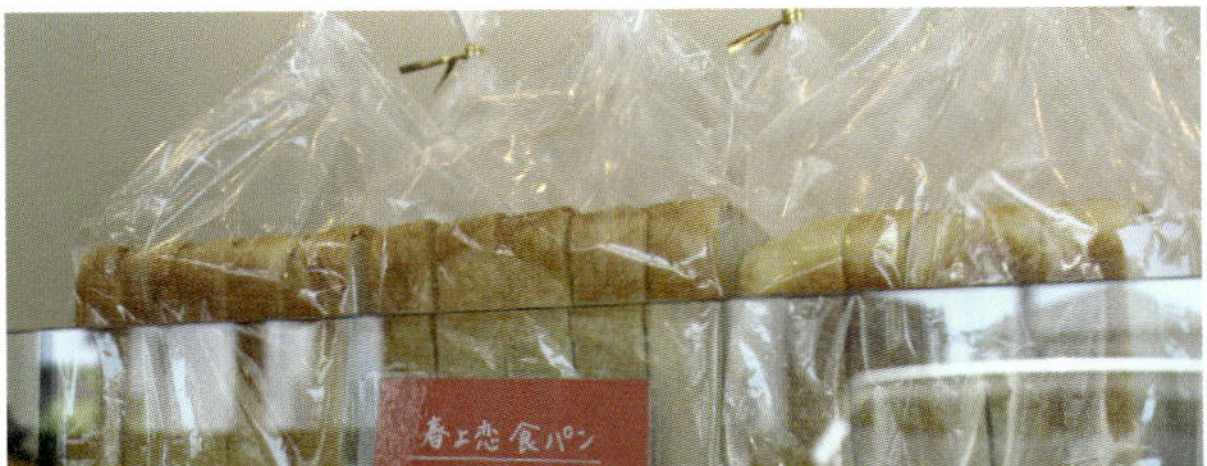

1_スタイリッシュな外観にちょっぴり緊張するけれど、一歩入ればアットホーム 2_国産の小麦を使い、ほとんど添加物を使わない素材の良さが人気の秘密 3_プチカンパーニュ&バゲット。このクオリティで1本54円とは驚きだ

メロンパン
塩パン

本当のオーガニック精神を感じる店

bakery labo

●島田市

島田市の郊外に昨年オープンしたばかりの、真正面に対面式カウンターが広がるお洒落なお店。「長らくお待たせしてスミマセン」という奥さんの気取りのない笑顔に、早速癒やされる。奥さんは昔、椿山荘でサービスをしていただけあって、付かず離れず、ちょうどいい距離感。パンを作るご主人は、なんと元自衛官だ。海外留学でオーガニック製品の良さを知り、輸入業を経て、東京製菓学校や老舗パン屋で経験を積んだのち、念願の店を開くことになった。「子どもが生まれたタイミングで、食の仕事に関わりたくて」とご主人。まず生地にショートニングやマーガリンは一切使わない。粉は国産小麦と静岡県袋井市産の小麦、ドイツ産のオーガニック小麦を使用。アレルギーにも配慮したパンも多く、ほぼすべての商品に卵は使っていない。「オープン当時は卵を使っていたんですけど、ある日、近所の子に『私が食べられるパンはない？』って言われたんですよ。その子が卵アレルギーで。可愛い近所の子どもの頼みを大人が断る訳にいかないじゃないですか。じゃ作ってみるよ、となって、試しにやってみたら大抵のものは卵なしでできたんです」。メロンパンのビスケット生地も、仕上げのツヤ出しも卵なし。それでもちっとも足りない感じがしないのは、良質な小麦とバター、長時間発酵の力だ。具材は自分で作らない。その代わり各々に吟味した専門店から仕入れている。「あんこは西焼津の神谷製餡所から、ジャムはやまゆスイーツから分けてもらっています。自分が作るより美味しいし、それで地域企業の応援にもなって、自分も家族との時間ができるので」。今は地元の高校と共に新商品作りに取り組み、看板商品のデニッシュも静岡県産の小麦

を使いたいからと作った。店名の通り「パン研究所」のように、その研究心で、身近な誰かをハッピーにすることが最終目的。有名になりたい、儲けたい、なんてことは微塵も感じない。

「自分の作りたいものなんて、ほんのちょっとできればいいんです。それよりも、お客さんが欲しい、と思っているものに応える方が嬉しい。その方が引き出しも増えるし、誰かのために作る方が、いいものが作れると思います」。

クロワッサンサンド
260円

昭米のハムを挟んだクロワッサンサンド。飽きない味わい。軽く食べられる

メロンパン
150円

卵を一切使ってないとは思えないおいしさ!ご主人の工夫がつまっている。砂糖も粗糖を使用

くるみカンパーニュ
280円

オーガニック全粒粉を使った生地に、くるみがたっぷり。小麦のおいしさを味わいたいならコレがおすすめ

1_独特の歯応えを生み出しているリュスティック「もちもちバゲット」1本260円　2_3_好きなパンを言って、奥さんに取ってもらう方式。小さな子どもを連れた親にとっても、かえって安心な方法だ　4_カンパーニュやバケットなどはドイツ産のオーガニック小麦を使用。厳密なオーガニックにこだわればこそ　5_地元のジャムなどいいと思ったものを置いている

6_島田市の郊外に建つ。店のほとんどの部分は厨房にあてられている　7_イラストは友人が描いてくれたもの。つながりを大切にしている

DATA

ベーカリーラボ

島田市東町498-6
0547-37-1355
10:00～18:00 ※売り切れ次第終了
日曜・月曜休
駐車場3台
JR六合駅から車で10分

bon appetit !

県産小麦にこだわった
デニッシュ食パンは手土産にも

季節によって種類もいろいろ登場する一番人気のデニッシュ。切り分けて3時のおやつに食べても良さそう。
デニッシュブレットりんご&シナモン1本1,080円、1/2本540円

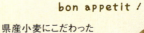

静岡市の閑静な住宅地にあるドイツパンが中心の店。ドイツパンは苦手と敬遠する人もいるかもしれないが、いざ店内に足を運んでみれば、想像以上のバラエティに富んでいることに驚かされるだろう。そしてそのパン一つ一

名店で修業を積んだ、職人の技術を感じる店

ベッカライ・レッヒェルン

●静岡市葵区

つに、まったく異なる味わいを感じる。

　ご主人はパン好きの間では有名な東京桜新町の「ベッカライ・ブロートハイム」明石氏の元で修業を積んだ経歴の持ち主だ。その前にも浜松の「ベッカライ・ザイン」や「コンコルド浜松」でも経験を積んでいるためか、パンのラインナップに振り幅があり、小さな店ながら心底「選ぶ楽しみ」がある。

　そんな中でも特に驚かされたのは、クリームパンの飛び抜けたおいしさ。ドイツパンの店でクリームパンは意外かもしれないが、実は「ブロートハイム」でも1人5個限定とされていた人気商品のレシピをほぼそのまま生かしている。パン生地も申し分なく、自家製カスタードもこの値段では安いと感じる。ここまで理想的なクリームパンに出会えることはそうはない。

もちろん主役のドイツパンなども、このあたりにはない本格派。ライ麦由来の香りとサワー種の強い酸味のあるパンは、いささか本場の味すぎて好みが分かれる気もするが、ドイツパンだけは日本人好みに迎合しないという潔さも、色んなものを味わいたい消費者には嬉しい限りだ。もしドイツパンを買いたいなら、風味がフレッシュな朝イチがおすすめ。確かにドイツパンは日持ちするが、ライ麦や雑穀の香ばしさが新鮮なうちに味わえば、「ドイツパンが苦手」というのも克服できるかもしれない。

ご主人がもう1つ、思い入れを持っているのが3時間熟成発酵バケット。「24時間熟成はほっておけばいいけれど、3時間が一番難しい。目を離せない子どものよう」だと言う。発酵や粉の手入れ、焼きのすべてがちょうどよくなった時にのみ、理想的なバケッ

プンパニッケルル
1/4カット270円

軽く焼いて食べたい、プンパニッケルル1/4カット270円。初めての時はこのくらい少量から試せるのも嬉しい

くるみフランス
286円

これでもか、というほどくるみがたっぷり入ったくるみフランス286円。くるみはローストされていてザクザク香ばしい

自家製カスタードクリームパン
146円

ライターのイチオシは自家製カスタードクリームパン146円。ハード系もドイツパンももちろんおいしいが、クリームパンは想像以上の味

トが仕上がる。「パンは生き物なので、狙った通りに行くわけじゃないんです。だから私のこだわりではなくて、ただ長年の蓄積で生み出された成功例にしたがって、私はただ当たり前のことをちゃんとやることだけ」という。ドイツパン同様、地味ながら深みがあり、後からじんわり良さがこみ上げて来る、そんな店だ。

DATA

ベッカライ・レッヒェルン

静岡市葵区北安東2-26-6
054-294-7411
8:00〜17:00
月曜・第1・3日曜休み
駐車場3台
静鉄バス「大岩2丁目」下車すぐ

bon appetit !

食パンやクリームサンド、サンドイッチもある

カイザーゼンメルに具を挟んだサンドイッチやたまごサンド、子どもが好むふんわりしたソフトロールにクリームをたっぷり挟んだものまであって、1度ではこの店の魅力を味わいきれない。カイザーサンド356円

2

4

3

1

1_外観からもドイツパンの店と分かる雰囲気。続けざまに現れた客層からも、ここが間違いのない店だとすぐに分かる
2_3_海外と同じように、対面式でパンをとってもらうスタイル　4_オーナーの深澤夫妻。子どももいるため、自宅兼店舗で切り盛りしている。スイーツは奥さんが担当

やさしさと滋味だけじゃないお母さんのパン

skywalker bakery&cafe

●静岡市駿河区

スターウォーズ好きの店主が、古民家を改装して開いた小さなパン屋。「スカイウォーカー」には、はじめて来た人も思わず「ただいまー」と言ってしまいそうな懐かしい雰囲気が漂う。昭和を感じるショーケースの中には20種類ほどのパンやマフィン。どれも絵本や物語から抜け出してきたような、ふくふくと平和で明るい表情をしている。ケースの中にはパンの説明も値段の表示もない。「最初はそういうのもつくろうと思ったんだけど、ゆったり買い物をしてくださるお客さんが多いから、そのたびお伝えしているんです」と笑う杉山さん。タイムトリップしたような居心地のいい空間とやさしい口調に、ついのんびりしてしまう気持ちがわかる。パンづくりから販売まで、全部をひとりで行っているから、何を聞いても丁寧に答えてくれて、つくり手との距離がとても近い。「これはどんなパン？こっちのは？どっちにしようかな？」なんて聞きながら悩む時間も楽しい。

杉山さんは3人の息子を育てるお母さん。そんなお母さんがつくるパンは、体にやさしくて、滋味あふれる、おいしいパン。具材をちょっと多めに入れてくれているのもお母さんならではの愛情かもしれない。北海道産の香りある小麦、ブラウンシュガーや洗双糖をつかったコクのある甘さ。油はオリーブオイルやバターを使用。素材も味も値段も安心して、デイリーに食べられるものばかりだ。「はじめた頃はおにぎりもつくろうと思っていたの」というのも納得。ここにおにぎりが並んでいても、何の違和感もないだろう。それくらい、庶民的で家庭的。だからといって、やさしさや素朴さだけの手づくりパンでは終わらない。たとえば、イベントなどでも大人気のマフィンは、外

はサクッと、中はふんわりしっとり、卵と粉の風味豊かな生地に、バラエティに富んだ素材がしっかり。どれも控えめだけどきちんと主張のある一品なのだ。それはまさに、杉山さんの人柄そのもの。やさしくて、温かくて、「スターウォーズ×古民家×パン」なんて、ただものではないセンスある発想をさらりと実現してしまう。スカイウォーカーには、家庭的でファンタジーを含んだどこにもない平凡さがある。

コーンパン
150円

炊き立てごはんのようにつややかで健康そうな焼き上がり。コーンのプチプチ感とマヨネーズは、みんなが好きな味

ブルーベリーのパン
150円

大粒が嬉しいブルーベリーとクリームチーズは言うまでもなくぴったりの相性

ズッキーニとバジルのパン
240円

緑が鮮やかなズッキーニの下にはバジルのペースト。見た目も味も爽やかな組み合わせ

1_ショーケースにはやさしい焼き色のパンが大切に並べられている。　2_焼き上がったばかりの食パンはやさしい焼き色　3_4_無農薬の梅でつくった自家製のうめスカッシュ。外で飲めば、ちょっとしたピクニック気分に　5_白い壁と緑が爽やか。晴れた日はテーブルや椅子が並べられ、パンや飲み物を楽しむこともできる

6_7_店名は大好きなスターウォーズから。遠方から同好のお客さんが訪れてくることも

DATA

スカイウォーカー
ベーカリーアンドカフェ

静岡市駿河区馬渕4-16-40
054-288-8470
11:00～18:00（売り切れ次第終了）
日曜・月曜・火曜・水曜休
駐車場2台
静岡駅から車で約5分

bon appetit !

大人気のマフィンは必食

外はさっくり、中はふんわり。ゴロゴロ入ったしっとりマロンに、くるみがカリリと応えて、素材のおいしさが引き立つ。　くるみとマロングラッセのマフィン250円

隠れ家のような清水の名店

MAISON H

●静岡市清水区

清水区の閑静な住宅街の中に現れる、白い壁と深い青のドアが目印の一軒家。そこが、地元で愛されるパン屋さん「メゾンアッシュ」だ。「オープンして10年になります」と話すのはオーナーの滝戸光さんと直美さん夫妻。お子さんがまだ小さい頃に「安心安全なものを食べさせたい」という思いで始めたベーカリー。以来この町で、おいしいパンを焼き続けている。

平日午後の取材中も、店内にはひっきりなしにお客の姿が。客層は幅広く、「小さな子からご年配の方までいらっしゃいます」と、接客を担当する直美さん。子ども独りの「初めてのおつかい」に選ばれることも多いのだという。お母さんがお店によく来ていて顔見知りだからこそ、そしてお店自体が町内に溶け込み、信頼されている証だろう。直美さんも「嬉しいですよね」と笑顔になる。ふたりの温かい人柄を表すように、店内も明るくナチュラル。窓辺に飾られている花は近所でショップを営む友人のフローリストから。可愛いマスキングテープでパンの袋を留めてくれるのも嬉しい。

「なるべく地産地消を考えています」という言葉通り、材料には知り合いのイチゴ農家のイチゴを使ったり、地元の農家の新鮮な野菜を買い求めたりと、気を配っている。夏は約60種、冬は70種ものパンが常に店頭に並ぶ。「その分、一種類の個数は少なめですが……」と滝戸さんは謙遜するが、沢山の種類から選びたい消費者にはありがたいかぎり。電話予約も可能なため、多めの数がほしい場合や、どうしてもほしいパンがある時は電話しておくと安心だ。店内中央の木製のテーブルにデニッシュやお惣菜パンがあり、奥にハード系のテーブルパンが並ぶ。

ついつい目移りしてしまうが、中でもぜひ味わってほしいのがデニッシュ。大きくて熟れた季節のフルーツが、こぼれんばかりに載っている。その他にもベーコンとほうれん草のキッシュ（２９０円）やバジルチキンとキノコのグリル（２２０円）など、ワインと合わせたくなるラインナップがトングを持つ手を誘惑する。ひっそりと佇むこのベーカリーを発見できたことは、宝さがしに成功した子どものように、パン好きな大人の心も浮き立たせるに違いない。

パストラミチキンの
クロワッサンサンド　300円

午前中に売り切れることも多い人気商品。クロワッサンのサクサク感と、チキンと野菜のジューシーな組み合わせが絶妙なおいしさ

クロワッサンダマンド
バナーヌ　220円

外はサクッ、中はしっとりのクロワッサンにバナナを挟み、ラム酒で香り付けをしてアーモンドクリームをかけた贅沢なスイートパン

くるみとイチジク　520円
（1/2サイズ　260円）

くるみの香ばしさと、赤ワインに漬けたイチジクの甘味が相性抜群。ハード系パンの中ではふんわりした食感で、ライ麦の風味も魅力的

1_発酵バターを使っているため、軽やかなのに中はしっとりしているクロワッサンやデニッシュ　2_スイート系のパンは見た目もきれい。小さく見えても食べごたえがある　3_取材の時期はイチジクのデニッシュが店頭に。季節感を大切にしている　4_今、まさに焼き上がったパンが店頭に並ぶ　5_人気のサンドイッチはぜひ午前中に

6_白い壁の一軒家。大通りから入って、信号のない十字路を曲がり到着。建物は駐車場の奥にあるので、見落とさないように速度を落として探してみて　7_ドアノブを始め、テーブルや窓のアイアンなど、ひとつひとつの調度品がおしゃれ

DATA

メゾンアッシュ

静岡市清水区川原町1-11
054-351-9455
10:00～18:00（売り切れまで）
日曜・隔週月曜休
駐車場2台
しずてつジャストライン市立病院線「川原町」バス停から徒歩5分

bon appetit !

フルーツと自家製クリームがリッチなデニッシュ

自家製カスタードと果物のハーモニーが楽しいデニッシュ。グレープフルーツの場合は、味がマッチするヨーグルトクリームに変更される。※フルーツは季節によって変更あり　グレープフルーツ290円

一度食べると虜になる
知る人ぞ知る天然酵母のパン

パン工房　コロネ

●静岡市葵区

「昔から料理が大好きで、家族のためにパンを焼いていたのがそもそものはじまりなんです」と話すのは店主の粂川愛子さん。東京でパン作りを学び、パン教室を開催する傍ら、周りからぜひ販売してほしいという声が寄せ

られリクエストに答える形でお店をオープン。自宅のリビングを改装し、一人で小さなパン工房を切り盛りするようになる。宣伝はもちろん、ネットもやっていないため、まさに知る人ぞ知るお店なのだが噂は口コミで広がり、お客さんがお客さんを連れてくる、といった状態だ。

2人も入ればいっぱいになってしまうお店はアンティーク調でまとめられ、どこか雑貨屋さんのような雰囲気がしてウキウキする。そして中央に置かれたレトロなショーケースには個性的なパンが並び、どれも美味しそうなオーラを発していて何を買おうか迷ってしまうほど。

ちょうど取材中、いつも買いに来るというご婦人が見えたのでここのお店の魅力を聞いてみると「街のパン屋さんとはちょっと違うのよね。ここにしかない味、っていうのかな」との返事。確かに一口食べてみると、ここのパンはなんかこう、ぬくもりがあるというか『パンを焼くのが本当に楽しい』という作り手の喜びが伝わってくるようで美味しさ以上に惹かれるものを感じずにはいられない。

「趣味から出られないんです。商売よりも自分の好きなパンを焼きたくって」と言いながら粂川さんが見せてくれたのはぶどうから起こした自家製天然酵母のパン。その日によって発酵時間がまちまちで1日寝かしてもまだ完成しない時もあるそう。しかし「パンは生き物だから、人間の都合に合わせるんじゃなくてパンの機嫌に合わせないと」と笑う。さらに「もっと便利で簡単にパンを作る方法はあるけれど、やっぱりこっちのほうが楽しいし自然だから」とキッパリ。趣味と謙遜しながらも自分が納得できないパンは店先に出さないなど職人的な一面もあったり、パン作りを楽しむ中にも厳しさを持ち合わせている人だと思った。

　そんな魅力あふれるパン屋さんだが、営業日は週4日と少なめ。だからこそチャンスを見つけて行ってみてほしい。売り切り次第終了なので、早めの来店がおすすめだ。

粂川さんとの会話が楽しくてつい長居しちゃう、なんてお客さんも

クルミアンパン
185円

甘さ控えめのあんこと香ばしいクルミの相性が◎。焼印はネコやイヌなどいろいろ

コーヒーブラウン
210円

コーヒーの豊かな香りがする大人なパン。ホワイトチョコの甘さがビターな生地に合っている

グラハムイチジク
240円

きめ細やかでしっとりとした口あたり。イチジクの濃厚な甘さがシンプルな生地にマッチ

1_金曜限定の「イギリスパン」。毎週食パン目当てに買いに来る人もいる　2_注文後、冷たいバタークリームを詰めてくれる「クレセントロール」。バターの風味とコクが口の中にふわっと広がる　3_ビシッと完璧な見た目ではなく、一つずつこの不揃いなところが「どれにしようか」と選ぶ楽しさを与えてくれる　4_チーズたっぷりの具だくさんピザも人気　5_自家製酵母のパン。発酵はパンのご機嫌にまかせてじっくり待つ

3

1

4

5

2

DATA

パン工房　コロネ

静岡市葵区北安東3-4-4
054-245-1047
10:30〜17:00　売り切れ次第終了
日曜・月曜・火曜休
駐車場1台
大岩二丁目バス停から徒歩3分

bon appetit !

まずはこれを食べなくちゃ
はじまらない!

お店の看板メニュー。注文後、自家製チョコクリームを詰めてくれる。チョコクリームが冷たくって美味しい!　コロネ200円

天然酵母
ららぱんや
営業日 火・金・土 11:30～
ららぱんや
OPEN

手間暇かけたとっておきの天然酵母パン

天然酵母　ららぱんや

●島田市

店名を聞いただけでどこかふんわりとした気分にさせてくれるのが「ららぱんや」。島田商業高校のすぐ東側、住宅街の細い小道を入ったところにあり、店ののぼりを頼りに目を凝らして進まないとたどり着くのが難しい。しかしながらこんな風に迷いながら訪れてこそおいしいパンに出合えるという期待感がますます膨らむというものだ。

ようやく見つけた店の引き戸を開けると香ばしい香りがこぢんまりとした空間いっぱいに立ち込めていて、瞬間的に「間違いない」と感じさせるおいしさが伝わってくる。香りの良さにしばし惹きつけられていると作り手である松浦さん姉妹がニコニコと笑顔で迎えながら、「今日はブルーベリー酵母のパンがありますよ」と気さくに話しかけてくれる。そう、ここには自家製の天然酵母を使ったパンがずらり。果物や穀物など何種類もの素材から発酵種を自分たちで一つひとつ起こして手間と時間をかけて作っている。例えばこの店で一番人気の酒種を作るにも、自分で炊いた米飯に麹、水を加えてじっくりと熟成。1番から4番種を作るのになんと4日間もかかるそうだ。ゆえに数多く作れないので「営業日も少なく開店時間も遅め。数も少ないので売り切れたら終わりで（笑）」と2人。なぜ天然酵母にこだわるのかを尋ねてみると「父が自然の食べ物が好きで、子どもの頃よくかつお節をちゃんと手で削ってくれて、それが当たり前になっていて。その影響大きいよねぇ」。幼いころから自然の食に親しんできたからこそ、酵母はもちろん国産小麦に発酵バター、天日塩、洗双糖、中のフィリングに至るまで材料全てにこだわっているのも自然の流れなのだ。酒種を使ったパンはしっとり

と香ばしく風味豊か。ピザ、エピ、イングリッシュマフィンなど多くに使われているが、まず試してほしいのが食パンの「パン・ド・ミー」。独特の風味、旨味、食感と酒種酵母のおいしさがストレートに味わえるのでおすすめだ。これだけこだわりを詰め込みながらもひけらかすことなく至って謙虚な松浦さん姉妹。「こんなにわかりにくい場所にあるので来てくれただけで嬉しいんです」。そんな飾らない姉妹の愛情たっぷりのパンはとびっきり優しい。思わずとりこになるのも納得の一店だ。

ブルーベリー酵母の
ベリーベリーパン
280円

食べごたえのある食感の中に、噛みしめるほど生地の甘みとクランベリー、ブルーベリーの甘酸っぱさが広がる逸品

ベーコンレンコンピザ
230円

酒種を使ったピザ。レンコンのしゃきっとした食感と秋田県から取り寄せた香り高い無添加スモークベーコンが好相性!

クリームパン
170円

ふんわりとしたパンに自家製クリームをたっぷりと。こだわりの健康卵から作る濃厚なクリームにファン多し

1_店舗兼住宅のこぢんまりとした空間。土間玄関の部分が販売スペースになっていて友達の家に来たかのようなアットホームさ。カウンター越しに話し込むお客さんも多い　2_3_りんご、ブルーベリー、ヨーグルト、酒種、甘麹など酵母も種類も様々。季節やその日によってパンの種類が異なるので、どんな酵母のパンがあるかは行ってみてのお楽しみ

4_なんだか妙にかわいいエピ。もっちりした食べごたえがある　5_パン好きだった仲良し姉妹が開いたお店。いつも笑顔の松浦さん姉妹のふわりとした優しい雰囲気がパンにも表れている

DATA

天然酵母 ららぱんや

島田市祇園町8698-2
0547-36-5836
11:30～売り切れまで
月曜、水曜、木曜、日曜休
駐車場3台
「ららぱんや」でインスタ検索
JR島田駅から徒歩約15分

bon appetit !

香ばしく風味豊かなバン・ド・ミーがおすすめ

しっとりもっちりの食感に豊かな風味。天然酵母のおいしさをシンプルに味わうならば食パンを。トーストするとさらに香りが引き立つ。パン・ド・ミー350円

※価格はすべて税抜

おいしいパンと
まっすぐな笑顔から届く幸せ

PALETTE THE BAKERY FUJIEDA

●藤枝市

食卓に彩りを添えられるようにと２０１６年にオープンした「パレット」。「おいしいパンに明るい接客、全てを通じてささやかな幸せを届けたい」という言葉通り、若きオーナーシェフの興津さん夫妻の熱意に元気をもらい、素

直でおいしいパンに幸せをもらう、そんなお店だ。店内に一歩入ると「いらっしゃいませ」と明るい声と笑顔がとびこんでくる。

「気分がいい時も、ちょっと元気がでない時も、パレットに来て、活気を持ち帰ってもらえたら嬉しいです」と接客を担当する奥さん。人を大切にする心遣いはスタッフにも共有されていて、温かな対応に、パンを買うのが楽しくなる。

店の奥のピカピカに磨かれた広い厨房で黙々とパンをつくるのは、オーナーシェフの興津学さん。1日を通して並ぶ約60種類のパンは、バケット、セーグル、カンパーニュなどのハード系から、高加水パン、食事パン、惣菜パン、菓子パン、デニッシュ、サンドウィッチ、ラスクまで幅広い。その仕込みから最後の仕上げまで、製造工程の全てを1人で行っている。優しくも厳しい目をしたオーナーの動きには無駄がなく、石窯オーブンから次々と焼き上げられるパンが店頭を賑やかに彩っていく。

パレットのパンは、ほんのり甘く、もっちりとして、食べやすい。自然と微笑んでしまう味だ。そのまま食べてもおいしくて飽きがこないのは、パンの種類によって、数種の粉をオリジナルでブレンドし、そのパンの特徴、おいしさを最大限に引き出すようにしているから。くせがなく、粉のいい香りと、ほどよく含んだ水分のおかげで、どんどん食べ進んでしまう。家族で、仲間で、みんなで「おいしいね」と言いながら、食卓を囲むのにぴったりのパンだ。

日常食べるものだから、値段が手頃でボリュームがあるのが、嬉しい。曜日ごとの日替わりパンや、季節限定のパンも数多く登場するので、毎日選ぶ楽しさがある。おいしいパンの食べ方や、新商品の情報など、心をこめて日々発信しているところも、パンを通じて幸せを届けたいという気持ちに溢れている。持ち帰るパンがほんのり温かく感じるのは、ささやか以上の幸せがこめられているからかもしれない。

1

2

1_アクセントカラーになっている赤が、鮮やかで、元気をわけてくれそう　2_温い笑顔でキビキビと働く姿が印象的な興津さん夫妻

季節のデニッシュ
280円

季節のフルーツをのせたデニッシュは、パティシエ経験もあるシェフならではの繊細な仕上がり

パレットの塩バターパン
120円

北海道小麦100%のもっちりと柔らかな生地から、良質な国産バターのいい香りが漂う。

ベーコンチーズフランス
270円

このパンのためだけの特別なチーズを使用。ベーコンと黒コショウのアクセントが相性抜群

3_店頭を彩るバラエティ豊かなパンたち。所狭しと並べられたパンには迷う楽しさがある　4_焼きあがるパンをテキパキと並べていく手つきにも、パンへの愛情を感じる　5_ふんわり、もっちり焼きあがる生地はつやつやといい表情　6_彩り豊かな具材が食欲をそそる。調理パンも下ごしらえから完成までシェフがひとりでていねいに仕上げる

4

3

6

5

DATA

パレット ザ ベーカリー フジエダ

藤枝市郡1-4-6(ナビ検索1-4-10)
054-631-9020
10:00〜17:00(売り切れ次第閉店)
月曜・火曜休
駐車場8台
藤枝駅または西焼津駅から車で約10分

bon appetit !

パティシエならではの
カスタードが魅力

バニラビーンズをぜいたくに使い、毎朝たき上げる自家製カスタードクリームがたっぷりつまった一品。 クリームパン150円

※価格はすべて税抜

北海道産強力粉
製粉株式会社

オープン直後から大人気!

PLAIN BAKERY

●静岡市葵区

新静岡セノバと静岡東急スクエアをつなぐプロムナードといえば、静岡市の街中でも1、2を争う繁華街。そこに黒を基調としたおしゃれな食パン専門店ができたのは2017年の12月のこと。国産小麦と天然酵母で作られたこだわりの食パンは、瞬く間に人気を集め、今では焼き上がりの時間になると何人ものお客が立ち並ぶ。

「天然酵母について学び、試行錯誤を重ねてプレーンベーカリーのパンが完成しました」と話すのは店長の林美希さん。お店の母体は、もともとカフェやレストランを経営している会社。レストランで提供するパンを手作りしているうち、「こだわりのパン」そして「毎日食べても安心なパン」を追求するようになった。自信のパンは「おいしさを知っていただきたくて」と、店頭で試食を勧めている。ファンになるお客が徐々に増え、リピーターからは「もう他のところのものは食べられないよ」と嬉しい言葉をいただくことも。

林さんの「悪いものは一切入っていません。安全な材料しか使っていないんです」という言葉は、パンの袋に付けられた原材料表示からも見て取れる。本来、対面販売のベーカリーでは、原材料の表示は義務ではない。が、プレーンベーカリーではどのパンにも表示を付けている。例えばぶどう食パンの原材料は、「北海道産小麦（春よ恋ブレンド）、レーズン、バター（よつ葉）、スキムミルク（よつ葉）、白神こだま酵母、塩（瀬戸のほんじお）、トレハロース（林原）、赤ワイン、ラム酒」、といった具合。こうした誠実な姿勢がお客にも伝わり、ＳＮＳや口コミでも輪が広がっている。「最近は、お土産やギフトに買っていただくことも増えました」。

1日2回、工房から焼きたて

のパンが届く。工程を略さず一つ一つ丁寧に作っているため、量産はできない。「たとえばチーズとかあんこなど、生地に加える材料も、機械ではなくて手で巻き込んでいます」。開店時間の11時から店頭で予約を受け付けているため、必ず手に入れたいパンは予約しておこう。好みのパンをゲットしたら、大きな口で頬張りたい。「おいしい〜！」口の中に広がる豊かな味わいに、思わず声が出てしまうはずだ。

ぶどう食パン　691円

赤ワインを加えた生地に、高級ラム酒に漬け込んだレーズンをたっぷり使ったリッチなパン。天然酵母のもちっとした食感もいい

チョコとオレンジピール　691円

香り高いオレンジピールとこくのあるチョコを生地に織り込んだパンが新登場。一口食べると、ほのかにグランマニエの香りが

1_工房からパンが届く12時、お店の棚にいっぱいの食パンが並ぶ様は壮観のひとこと　2_店内につい上げられた小麦の袋には銘柄や産地が書かれている。すべて国産を使用　3_焼き菓子にもよつ葉バターや喜界島の粗糖など、シンプルで上質なものを使い、作っている　4_街中を歩いていてこの外観を目にしたことのある人も多いはず!

5_ギフト用のおしゃれなボックスがあるので気軽にプレゼントできる。サイズは大中小を用意（有料）　6_林店長（右）を始め、明るいスタッフの皆さん。話を伺うとパンへの情熱が伝わって来る

DATA

プレーン ベーカリー静岡店

静岡市葵区伝馬町8-1 サンローゼビル1F
054-345-6820（予約専用）
11:00〜19:00 ※売り切れ次第終了
火曜休（季節により変動）
静岡鉄道「新静岡」駅より徒歩1分、JR「静岡」駅より徒歩5分

bon appetit !

たっぷり巻き込んだチーズのコクと香りがたまらない

プレミアム食パンの生地によつ葉のシュレッドチーズなど3種の国産チーズをプラス。チーズのコクと食パンの甘味がマッチ!　チーズパン691円

※価格はすべて変更あり

カレーパン
150円
アンドーナツ
140円
ブルーベリーのラウンド
280円
メープルのぱん
450円
チョココロネ
130円
クリームパン
130円
自家製あんこのあんぱん
130円
ハムエッグ
180円
コロッケバーガー
260円
ピーナッツスティック
150円
ミルクスティック
150円
アスパラベーコン
180円
じゃがバター
180円
ごぼうぱん
160円
コーンチーズ
140円
クロワッサン
130円
チョコクロワッサン
150円
アップルパイ
200円
キウイフルーツのデニッシュ
220円
シナモンロール
180円
ホワイトボール
160円
くるみぱん
130円
レーズンロール
130円
レーズンクリームチーズ
150円

気取らず、誠実。愛すべき町のパン屋

ほしぱん

●静岡市葵区

「ほしぱん」は小さな町のパン屋さん。財布を手に持ったエプロン姿の奥さんがパンを買いに来る。時折、子どもたちがやってきて、まるで駄菓子でも買いにきたみたいに「どれにする？」なんて言っている、そんな店だ。

ご主人は昔働いていた山小屋でパン作りに目覚め、地元のパン屋で10年ほど修業した。「山登りが趣味で、星を見るのが好きだったから店名にも星をつけたくて。スターベーカリーにしようかと思ったけど…やっぱりらしくないなと。作っているパンが昔ながらの日本らしいパンだから、店の名前も日本語にしました」。そんなわけで店にはいくつか星形のパンも置いてある。

オープンして1年。店は移動販売の店並みのわずか2坪弱。レジ横、棚と40種近くのパンがギュッと肩を並べ合い、首を一度ぐるりと回せばすべてが見通せ、すぐに1つ、2つと欲しいパンが見つかる。そのほとんどが昔ながらの日本人好みの柔らかいパンだ。「子どもが好きなパンを作りたくて」とご主人。昔から大好きでよく通っていた昔ながらのパン屋さんが店をたたむことになり、その店の機材一式を譲ってもらった。「実は今でも週に1回程度来てくれて、アンコの作り方とか、色々教えてくれるんです」。だからこの店のパンは、修業したどの店よりも、今はなきそのパン屋の味に近い。しっとりしていて、やわらかくて、3歳の子どもでも、老人でも安心して食べられるパン。毎朝作る手作りのカスタードには何気に美黄卵を使っている。

価格は手頃で、何を食べても普通においしい。この「普通」は結構貴重。わざわざ遠距離から買いに行く店ではなく、近所のリピーターに支えられている。店のすぐ近くには子どもが通ってい

た幼稚園があり、実家もすぐそこ。店は奥さんとお母さんの3人で切り盛りしている。「子どもだけでパンを買いにくる子も多いんですけど、迷っていると本当はお金が足りなくて食べたいパンが食べられないんじゃないかな…なんて思って『これ持ってきな』なんてついサービスしちゃう」と奥さん。その人柄の良さがパンにも現れている。素朴で、ふんわり。お洒落な店もいいけれど、やっぱり近所には、子どもたちの原風景になる、こういう店があってほしい。

きのこのタルティーヌ
230円

コクがあるのに、あっさり食べられる

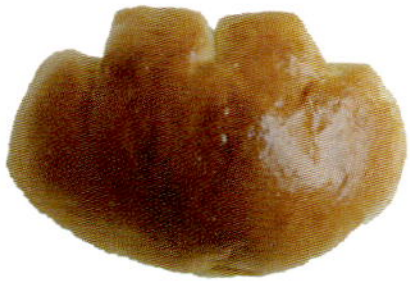

美黄卵のクリームパン
130円

カスタードは毎朝手作りしている

チョコレートマフィン
150円

店名にちなんだ星形チョコが乗っている

1_どれも奇をてらったものはなく、いい意味で味の想像ができるパンが並ぶ　2_店内には所狭しとカウンターの上、ショーケースの中にパンがぎっしり　3_ドアを開けるとすぐにカウンターで対面式。2人も店に入ればいっぱいになる　4_常連の子どもからもらった手紙。大事に店に飾っている　5_近所の子どもたちがおやつのパンを買いに来る　6_家族みんなで助け合う仲良し一家のパン屋さん。この笑顔同様、暖かな雰囲気が店内に広がっている

bon appetit !

もっちり、ぎっしりのカレーパンは必食!

この店で必ず食べたいのが、このカレーパン。国産小麦の生地でもっちりした生地をふんわり揚げていて食感がいい。奥さん手作りのカレーは野菜の旨みが凝縮された、誰もが好むお手本のようなカレーパン。カレーパン150円

DATA

ほしぱん

静岡市葵区山﨑2-25-4
054-659-7641
9:00～18:00
日祝・月曜休
静鉄バス「山﨑」下車で徒歩3分

ここにしかないクロワッサンを求めて

Patisserie Moriya

●焼津市

大井川郊外の道筋に建つ、スタイリッシュな白い一軒家の洋菓子店。ショーケースに並ぶのは、他店とは一線を画す圧倒的に美しいケーキ。正直「どうしてこんな分かりにくい場所に、こんなレベルの店が?」と不思議に思うはずだ。この店の伝統的なヨーロッパの菓子を都心のホテルに持って行けば、ゆうに倍の値段はとれるだろう。この店のご主人は入店制限がかかる人気の吉祥寺「アテスウェイ」や藤沢のウィーン菓子の名店などで修行した人物。そんなハイクラスなケーキや焼き菓子が並ぶ店だが、実はこの店はパンもまたすごい。そしてここ数年でさらに進化している。

　パリやウィーンの名店では、大抵パティスリーにはヴィエノワズリーがある。このモリヤもそうだ。メインはパティスリーでありながら、その製菓の技術を生かしたクロワッサンやパイを販売。パン屋のクロワッサンやデニッシュとはひと味違う。昔食べたときには、濃厚な発酵バターの香りと風味豊かな生地が印象的だったが、取材時に味わった時、思わず「違う」と思わず呟いてしまったほど。以前は少しリッチな重さを感じたが、いい意味で軽くなり、一口目の印象と異なる味が後から追いかけてくる。食べ終わったはなから、もう1個欲しくなる感じだ。いずれもさすが菓子職人と思わせる。特にクイニーアマンやマロンパイはさすが。わざわざ足を運んでも買った方がいい逸品だ。

　地元に慣れ、少し力が抜けた今は、人から求められるものも作れるようになった。そのいい例が「あんこと生クリーム」のクロワッサン。業者からすすめられた小豆と砂糖のみで作ったシンプルなこしあんを、イベント出店時に好評だった生クリームを挟んだク

ロワッサンにプラスしてみたら人気商品に。ケーキに使う乳脂肪分の高い上質な生クリームと洗練されたクロワッサン、その中にあんこが入ったことで、まわりの良さが際立つ、まさに組み合わせの妙。しばらく足を運んでいなかった人も、さらにバランスよく進化したこの店を再訪してみてはどうだろう。

マロンパイ
380円

栗がまるごと1個入ったマロンパイ380円。これなら手土産にも喜ばれそうだ

クイニーアマン
250円

ガリッとした触感のキャラメリゼと、パイ生地の組み合わせが最高。コーヒーの相棒にぴったりだ

食パンハーフ
180円

小さくて、ふんわり。これだけ何かトーンが違う、と思ったら奥さんの手作り。これがなかなかおいしい!（火・金・日曜限定）

1_11月から4月の間は期間限定のアップルパイも登場する　2_地域に合わせて、ヨーロッパの伝統的なケーキだけでなく、日本人にも馴染み深いシュークリームやプリンなども置いている　3_4_今回はクロワッサンメインだったが、できることなら店主の真骨頂であるケーキを1つずつ制覇してみたい

5_外観から想像するよりも狭い店内。ケーキの上にクロワッサンやパイ類が並ぶ　6_焼き菓子のレベルも非常に高い

DATA

Patisserie Moriya

焼津市宗高801-2
054-631-7699
10:00〜19:00
水曜定休（その他月2回ほど連休あり。HPにて確認を）
駐車場4台
大井川スマートICから車で7分

bon appetit !

幅広い層から人気のクロワッサン

おやつ感覚で味わいたい「あんこと生クリームのクロワッサン」。生クリームはケーキと同じものを使用しているため溶けやすい。遠方から行く場合は、保冷ケース持参がおすすめ。あんこと生クリーム300円

一日の始まりにできたての天然酵母パンを

にこぱんベーカリー

●島田市

5時半に開店するにこぱんベーカリーは、早朝にも関わらずオープン前からお客が並ぶほどの人気店。1組か2組も入ればいっぱいの可愛らしい空間には、オーナーの松本加代子さんが一つひとつ丁寧に作る焼きたてパンが

所狭しと並び、芳醇な香りが鼻孔をくすぐる。「以前は6時開店だったんですがお客様の要望で30分早めたんです」と松本さん。早朝にラーメンを食べる朝ラーついでに、ウォーキングやジョギングをしながら立ち寄る人も多く、朝から大賑わい。早い時には7時には売り切れてしまうというから恐れ入る。支持される秘密は日本古来の醸造技術で作られる発酵種のホシノ天然酵母と、最高級の強力粉である北の稔、きび砂糖やシママース塩など確かな素材を巧みに使った手作りの味わいにある。ずっしりもっちりとした食べごたえのパンは噛むごとに甘みが増し、粉のおいしさを存分に楽しめるのだ。看板メニューの「山食」は取材時も常連客が「これを食べたら他は食べられない」と教えてくれるほど。生地はきめ細かでしっとり、食べるとほのかな甘みが口いっぱいに広

がる。
「生きた酵母は温度や湿度の管理が大変だけど発酵させる過程が楽しくて。レーズンやお茶の葉などいろいろな植物で酵母を作っていたんですが、最終的には酒粕の自然の甘みに感動してホシノ酵母を使うようになりました。イーストとは断然香りも違います」と松本さん。その甘さを活かすため、極力シンプルなパン作りを心掛け、菓子パンも砂糖を控えめに作っている。パンに入れる具材も庭で育てたハーブやトマトを使ったりブルーベリーを農園から仕入れたりするなど、なるべく無農薬にこだわり季節感も演出している。

もともとモノづくりが好きだったという松本さんがこの道を志すきっかけとなったのが長男の誕生だった。子どもに手作りのものを食べさせたくて、会社勤めをしながら静岡市内のパン教室へ。そ

ペイザン 130円

オープン当初からの定番人気商品。粉の風味や旨味がダイレクトに味わえるハード系パンに、ドライフルーツがたっぷり

ミニトマト ベーコン モッツアレラ 200円

噛むほど味が出るパンに自家菜園トマトの酸味とベーコンの旨味、モッツアレラのコクが一体となった逸品

こで基礎を習いさらに製菓学校で学んだあと自宅でパン教室を始めたのが第一歩。その教室が盛況でキャンセル待ち続出となり、ならばお店をやってみようと一念発起。今では早朝から開いているベーカリーとしてすっかりおなじみだ。体に優しいおいしさを追求した愛情いっぱいのパンは早起きしてでも買ってみる価値あり。食べれば朝から元気が出るはずだ。

DATA

にこぱんベーカリー

島田市御仮屋町7607-2
090-6645-0956
5:30〜売り切れまで
日曜、月曜、火曜定休（不定休ありブログにて告知）
駐車場3台
インスタ、Facebookあり。ブログにて定休日やメニューを確認できる
JR島田駅から徒歩約20分

bon appetit !

プレーンなパン生地の美味しさを感じる

気泡を減らすよう形成を丁寧に手掛けた山食は女性の肌のようにしっとり、食べればもちもち。これ1枚で十分な食べごたえ。　山食一斤 300円

1_旧東海道沿いの住居の一角。オープンから1〜2時間ほどで売り切れてしまうこともあるので、予約が賢明　2_「お客様の舌が肥えているので、飽きさせないためにも日々勉強しています」。明るくはつらつとしたオーナーの松本さんが前日の仕込みから深夜の焼き上げ、販売まで一人でこなす　3_抹茶生地にクランベリー、くるみ、レモンピール、ホワイトチョコチップをイン。生地がココアになったりナッツが入ったりと日によって替わるのでお楽しみに　4_5時半のオープンに合わせて30種類前後が並ぶ。天然酵母独特の風味と食感を楽しんで

3

4

1

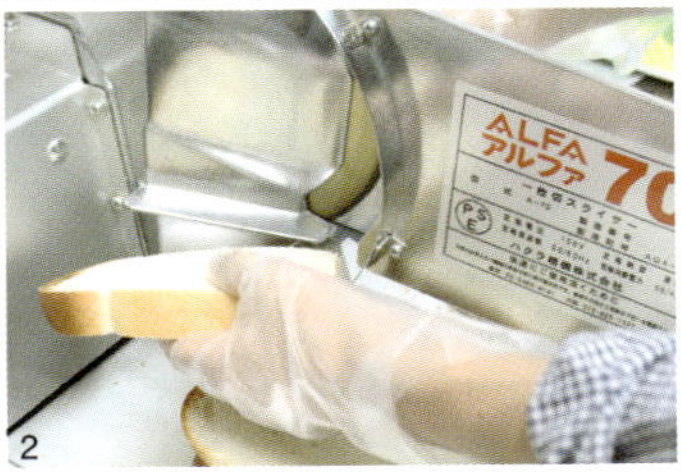

2

酒種あんぱんと
ドイツパンの有名店

ベッカライ　ルンベルグ

●焼津市

アンパン、メロンパン、クリームパンといったお馴染みのパンから、重厚な味わいの本格ドイツパンまで多くの種類が並ぶルンベルグ。

オーナーの丸山久人さんは浅草のパン屋でパン職人のスタートを切り、東京・長野・大阪など個人

店から大手までさまざまな店で修行して、20年前にこの店をオープン。一級パン技能士の腕と、これまでの経験を生かして70種類ほどのバラエティ豊かなパンを焼くことができるのが彼の強みである。

レジ横の一番目立つ場所に置かれているのはお店イチオシの「酒種あんぱん」。見せてもらったのは、20年間継ぎ足しているという酒種。「店の命の酒種です」と微笑みながら言う姿は、まさにうなぎ屋さんのタレを彷彿させる。そのくらい、大事に大事に扱っていたのが印象的だ。酒種あんぱんは季節に合わせて中身が変わり、かぼちゃ、栗、ずんだなどバリエーションは約10種類。イーストとは違う、酒種独自のふくよかな麹の香りが広がるあんぱんは、生地もふんわりソフトでどこか懐かしい和の味わいがする。むしろ新しいと感じる人もいるかもしれない。

　ファンが多いドイツパンは、自家製酵母にこだわっており、なかでもライ麦パンに必要不可欠なサワー種を作るために1週間もかけている。「口に入れるものだから、便利なものを使うより体に良いものを選びたいですよね。それが自然だと思いますし…」と丸山さん。そんな真摯な姿勢で作られたライ麦70％の「こくもつブロード」はかぼちゃ、ひまわりの種、ゴマ、レーズン、亜麻仁が入ったまさしく健康志向のパン。サワークリームやチーズとの相性も抜群なので赤ワインのおつまみとしても合いそう。ホームパーティーにぜひ登場させたいおしゃれでヘルシーなパンだ。

　最近、試作を重ねやっと完成したというのが全粒粉100％の「パン　コンプレ」。お客さんからの熱いリクエストから生まれたこのパンは卵も牛乳も砂糖も入っていない、ギュッと詰まったズシリと重みのあるパン。食物繊維とミネラルがたっぷりで、そして腹持ちも良い全粒粉100％のパンはきっとこれまでと違うパンの価値観を与えてくれるかも。パン好きならぜひ試して新しい食感を味わってもらいたい。

開店当初から大事にしている酒種。
美味しいあんぱんは酒種のおかげ

こくもつブロード　950円
ハーフ 475円

亜麻仁のつぶつぶ食感がアクセント。穀物の香ばしさと美味しさを楽しめる

パン コンプレ　648円
ハーフ 324円

持つとズシリとするほど重たいパン。香ばしさと弾力があり、食べごたえがある

カンパーニュ ルージュ
594円　ハーフ297円

自家製酵母のカンパーニュ生地にレーズンやブルーベリー、赤ワインを混ぜてあり独特の酸味を楽しめる

1_ライ麦や発芽玄米の食パンなど、珍しい食パンがあり嬉しい　2_富良野のジャムも販売中。食パンとの相性はぴったりだ　3_地元で人気のあんぱんの数々

1

3

2

DATA

ベッカライ　ルンベルグ

焼津市小川新町1-6-16
054-628-7399
8:00〜19:00（日・祝は18:00まで）
月曜休
駐車場2台
焼津駅から車で4分

bon appetit !

香り立つ生地のおいしさを感じる

酒種ならではの生地の芳醇な香りが特長。甘さ控えめのこしあんが引き立つパン
酒種あんぱん162円

オープンして15年、ここ、竜南の地に越してからは11年になるぱんだぱん。車の行き交う流通通りの喧噪を少し離れて、田園と住宅が入り混じる静かなエリアにたたずむ。取材中も、ご年配の方から小さな子の手を引いた

毎日通いたくなるパン屋さん

ぱんだぱん

●静岡市葵区

お母さんまで、男女を問わず、お客がひっきりなしに訪れる。町内になじみ、近隣の住人に愛されていることが一目で分かるお店だ。

店長の森正彦さんはパティシエとして東京の一流ホテルでケーキ作りに携わり、その後、都内のブーランジェリーで修行。家業がパン屋さんだったこともあり、「幼い頃から、自然にパン屋さんになりたいと思っていましたね」。修行後は静岡に戻り、満を持して自らがオーナーであるぱんだぱんをオープン。最初はスイーツも作っていたが、やがてラインナップはパンのみに。その分、パンの種類は豊富になり、常に80種類以上が店頭に並ぶ。「9時のオープンには半分くらい。11時までにはほとんど全部そろいます」。食パン、デニッシュ、フランスパン、サンドイッチ、甘いパン、総菜パン……、人が「パン屋さんで買いたいな」と連想するパンはほぼ網羅していると

いっていい。ぱんだぱんのパンは、パンによって数種類の小麦粉のブレンド具合を変え、天然塩やフレッシュバターを使用。たとえばクリームパンにつめるカスタードクリームは自家製と、原料にも気を配り、ひとつひとつの工程を丁寧に、手をかけて作っている。保存料や着色料を使っていないことも魅力の一つ。子どもにも安心して食べさせることができるパンが100円台から200円台を中心にそろう。気取らない価格と優しい味が、ファンを増やしている。

「食パンは半斤から、お好みの厚さにスライスします。お気軽にお申しつけ下さい」。店内にいくつかある張り紙は、お客を安心させる言葉が躍る。すべてのパンはショーケースにおさまり、オーダーを聞いてスタッフが取り出す。「衛生面を考えて、対面販売にしています」。パンをはじめ、お

1

2

17穀ブレッド
194円

名前の通り黒米、ゴマなど17種類の穀物が練り込まれているパン。香ばしくて食べごたえがあり、噛みしめるほどにおいしさが広がる

バジルモツァレラ
172円

ソフトフランス生地にダイスチーズ、バジルペーストとモツァレラ入りミックスチーズを載せた大人の総菜パン。温めると一層おいしい

木の実デニッシュ
172円

デニッシュ生地の真ん中にナッツの入ったチョコクリーム。その上にアーモンド、クルミ、マカダミアナッツを載せた香ばしいパン

店の作りや販売の姿勢に森店長の人柄がにじむ。沢山のパンがにぎやかに並ぶケースの前で、「今日は何にしようかな？いくつ買おうかな？」と、大いに迷うのも楽しい。

DATA

ぱんだぱん

静岡市葵区竜南3-9-27
054-200-3921
9:00〜19:00
日曜・月に2回月曜休（不定休）
駐車場3台
しずてつジャストライン北街道線「千代田小学校前」バス停下車徒歩6分

bon appetit !

**店名にもなっている
ぱんだぱん！**

可愛い外見とモチモチした米粉の食感、腹もちのよさで子どもにも大人にも人気。顔はチョコ、中は自家製カスタードクリーム。　ぱんだぱん140円

1_店の名を冠するぱんだぱんは、一つでも、沢山並んでも可愛い、愛すべきビジュアル　2_温かな人柄が伝わる森店長。夏は4時、冬は3時起きで準備開始。オープンの9時にはすでに5割程度のパンがそろっている　3_4_5_窯は富士山の溶岩で作ったもの。朝はフル稼働で、パリっとしつつ、ふっくらしたパンを焼き上げている

4

5

3

街と自然が融合したベーカリーカフェ

Pain SiNGE

●静岡市葵区

「こんな環境の中で、ずっと店をやりたかったんですよね」と店主が語るその立地は、静岡県庁がすぐそばという、静岡市のど真ん中。駿府城公園を取り巻く緑が心地いいお堀の一角に、この店はある。もともとは山間にあった知る人ぞ知る隠れ家的リゾートホテル「鈴桃」でパンを振る舞っていたが、あまりに人気があり、ついにはパンだけを買える店を立ち上げることになった。特に湯ごね製法で作られた真っ白なパンは、この店の代名詞と言えるだろう。

　イートインスペースも特徴的だ。場所がら、ビジネスマンや待ち合わせに使う人も多い。窓辺からは適度に自然光が差し込むが、明る過ぎない。まるで木陰で読書をするように、快適な場所から緑を眺め、好きなパンを楽しむことができる。ぼんやり外を眺めながら、考え事をするにも、この店はよさそうだ。イートインのある店ではファミリー層が多いが、この立地のせいか、1人でカウンターに座る落ち着いた大人が多いのも、この店を表している。

　朝7時。店が開くと、出勤前に一息つこうと慣れた様子の人が数人入って来る。お気に入りのパンを買うと、ホットコーヒーなど好きなドリンクを選んで安価にモーニングができるのも、嬉しいサービスだ。コーヒーにパンをつけるんじゃなくて、食べたいパンに合うドリンクを選ぶ。世の中すべてのパン屋さんにこんなサービスがあったらいいのに、と思わずにはいられない。昼頃に店に行くと、半数以上売り切れていることもあるが、パンのラインナップはハード系から菓子パンまで常時80種ほどが用意されており、バラエティに富む。特に発酵バターの風味とフランス産岩塩の塩気が効いたクロワッサンや、自家製カレーパンが

オススメ。カレーパンは米粉を用いたサクサクの生地にホテル仕込みのルウを使用。一晩かけてじっくり煮込まれたルウは辛さも控えめで、味わい深い。窓辺に座ってパンを齧りながら、何かに似ている、とずっと思っていたが、帰りかけにようやく分かった。そうだ、ホテルベーカリーの感じだ。この店の良さを知るなら、ぜひとも飲み物を頼んで窓辺の席へ。どこかヨーロッパを思わせる、街のベーカリーの雰囲気を味わえる、希少な店だ。

パストラミビーフサンド
280円

スパイシーなハムと、シャキシャキのレタスがバゲットにサンドされた品。ランチにピッタリ!

フロマージュ
130円

もっちり弾力のあるフランスパン生地に、チーズがたっぷり入った間違いのない味

3種の豆と里芋のキッシュ
230円

季節の野菜をたっぷり使った自家製キッシュ。やわらかな上の生地と下の硬い生地のコントラストがいい

1_シナモンシュガーを加えて焼き上げたブリオッシュ生地にシナモングレーズをトッピングした「シナモンロール」150円、コーヒー180円　2_11時頃になると80種ほどのパンが出そろう、イートイン・スペースもある空間　3_駿府城公園のお堀で泳ぐカメをイメージしたという、サクサクのメロンパン　4_やわらかな湯ごねパンの中に、黒豆とクリームチーズがたっぷり入った人気の逸品

生地にこだわりの食材を使い、きめ細かいパン粉で揚げたカレーパン。食感サクサク

ホットドック
260円

ガッツリ食べたい人も満足できる香り高いソーセージを挟んだホットドッグ。お酒にも合いそう

DATA

パンサンジュ

静岡市葵区追手町9-18 静岡中央ビル1F
054-251-0551
7:00〜19:00
日曜、祝日休
JR静岡駅より徒歩15分

bon appetit !

具だくさんのハード系もファンが多い

クルミ、レーズン、オレンジ、アップルなどドライフルーツがぎっしり詰まった、塩気の効いたライ麦パン。焼いてもそのままでもおいしい。　パン・オ・フリュイ（ハーフ）800円

お食事パンが人気の可愛いブーランジェリー

Boulangerie Homi

●静岡市駿河区

1

4

2

3

スイーツショップのようなオシャレなインテリアが印象的なブーランジェリー。ショーケースにならぶ20種ほどのパンはハード系からやわらかいものまで、各年代の人が楽しめる内容となっている。「若い方からお年寄りまでいろんな年代の方に来ていただきたい。特に、お子さんに作ってあげられないお母さんの代わりに、という気持ちがあります」と、店主の小林穂見さん。昼前にそろうサンドイッチやホットサンドなどの食事系パンはランチにぴったり。人気パンはフランスパンにサーモン&チーズやトマト&モッツァレラチーズを挟んだ「カスクルート」。固すぎない生地とやさしい味わいが評判を呼んでいる。数量限定で提供している季節野菜のスープとぜひご一緒に。耳までおいしいと評判の食パンや、金曜限定のブラン入り食パンもおすすめだ。種類が多く揃う10時半すぎ(金土は9時すぎ)に行ってみては?

オリーブのプチバゲット
140円

ほんのりオリーブが効いた
やさしい味わいのバゲット

1_2_丁寧に心を込めて作られたひとつひとつのパンがショーケースにならぶ　3_サンドイッチを始め食事パンが豊富。デザートもあるので休日のブランチ用に利用してもいい　4_「じゃがいもの冷製ポタージュ」350円。ほかにアスパラガスやタマネギ、枝豆を使ったものなどが時期によって登場する。ぜひパンと一緒に

DATA

ブーランジェリーホミ

静岡市駿河区中田2-8-23
054-287-3866
7:00～19:00
（木曜・日曜、祝日～17:00営業）
不定休
駐車場1台
東名高速静岡ICより車で約10分
※食パン販売9:30～

bon appetit !

サンドイッチを食べれば、
この店の良さが分かる

ランチにぴったりのフランス風サンドイッチ。他にサーモンとクリームチーズをはさんだものも人気。 トマトとモッツァレラチーズのカスクルート313円

パン激戦区で地域に愛される老舗パン屋さん

エッセンブロート

●静岡市駿河区

パン激戦区の地域にあって30年続く同店。50～60種類ほどのパンが出揃う時間ともなれば、ひっきりなしに客が訪れてくる。もともとはフランスパンの食べ方を提案したいという想いのもとでオープンしたが、現在では地域性に合わせ、固いものも柔らかいものも作っている。フランスパンには生地の甘みを引き立てる大島の天然海水塩、デニッシュにはゲランド塩を使用するなど、素材を吟味しながら流行にとらわれず、それぞれ昔ながらの作り方でしっかりこんがりと焼きこんでいる。惣菜パンや調理パン、菓子パンまでどれも捨てがたいものばかりだが、ここへ来たら「サラダ・イン・フランス」はぜひ試してほしい。固すぎないフランスパン生地の中に手作りの具材を詰め込んだ一品は、店主の想いを詰め込んだ開店来の人気パンだ。やみつきになる味わいをぜひ。

ビーフカレーのカレーパン 162円

ザクザクっとした生地の食感がやみつきになるカレーパンは、見た目よりも軽い食感。ファンの多い一品だ

1_2_すべてのパンが出揃うのが11時頃。お目当てのパンを求めて次々と人がやってくる。それぞれリーズナブルに提供しているのも魅力だ　3_七つの穀物を使った「ズィーベンブロート」410円。クルミやイチジクなどの食感と風味がライ麦パンの味わいにベストマッチ　4_ほがらかな雰囲気の店主・松永繁男さん。「食卓にパンのある日常を提案できたら」と語る

DATA

エッセンブロート

静岡市駿河区敷地1-6-7
054-237-7365
8:00〜17:00
木曜休
駐車場2台
東名高速静岡ICより車で約15分

bon appetit !

どこか懐かしくて、新しい！

フランスパン生地の中をくり抜いてコールスローサラダを混ぜこんだ惣菜パン。ポテト&タマゴ入りもある。

サラダ・イン・フランス210円

木々の緑に包まれた天然酵母のベーカリー

池田の森ベーカリーカフェ

●静岡市駿河区

カンパーニュ
645円

自家製天然酵母を2種使用。ほのかに甘みも感じられる後味と、ムチムチっとした食感がクセになる

1_2_パンの種類が出そろう11時頃は、おいしい天然酵母パンを求めてひっきりなしに客がやってくる　3_アトリエやショップ、オフィスなどが立ち並ぶ「エコロジー団地 池田の森」にある店。緑豊かで空気が心地いい

豊かな暮らしと食、環境保全というテーマのもとでエコなライフスタイルを提案する「池田の森」の一軒。オープンして10年を超えるベーカリーカフェは、こだわり抜いた素材を使用した味わい深いパンにファンが絶えない。素材は国産小麦と天然酵母、四つ葉バター、ゲランドの塩を基本としながら、開店当初から評判のハード系に加えてやわらかい生地の調理パンも多く、人気のクロワッサンやシナモン&クルミ、メイプルデニッシュをはじめ毎日50種ほどを焼きあげる。

さらに同店の魅力は、カフェとして、手間暇をかけた調理で「パンに合う料理」の提供もしていること。カンパーニュや食パンとともにスープやカレーなどの料理を、コーヒーやハーブティーとともに楽しめる。ほおばった瞬間に小麦と酵母の風味が伝わるパンをぜひ味わってみてほしい。

DATA

池田の森ベーカリーカフェ

静岡市駿河区池田1263
054-262-5580
9:30〜18:00
火曜休
駐車場15台
東名高速静岡ICより車で約20分

bon appetit !

爽やかな香りに
気持ちが上がる！

甘みと酸味のバランスが絶妙。さわやかな香りが噛むほどに口に広がりさっぱりと味わえるハード系のパン。
オレンジのルヴァン396円

変わり種ベーグル「サバサンド」が絶品!

YURUK

●焼津市

1

3

2

焼津市役所近く、焼津昭和通り商店街に入る細い道路沿いに、一軒の小さなベーグルショップがある。ベーグルがひとつひとつ、ショーケースにかわいらしく並ぶ様が目に入ると、思わず足を止めてしまう人も多いことだろう。こちらは東京のパン屋さんで修行したご主人が2017年にオープンし、夫婦二人三脚で営んでいる店。毎日10～20種ほどのベーグルを焼いているが、なかでも目にとまったのは「サバサンド」。なんと焼津産のサバをベーグルにはさんでいるのだ。店をオープンする前に夫婦で決行した世界一周旅行の際、トルコで食べたサバサンドに魅了されたために商品化したそう。小麦は国産にしぼりながら、安心・安全かつ具だくさんのベーグルで、地元に愛される店を目指しているというおふたり。新食感のベーグルをぜひ試してみてほしい。

サバサンド
450円

焼津産のサバとレタス、スライスオニオンをはさんだジューシーな看板ベーグル

1_木のトレイに並んだベーグルはどれもおいしそう。今後は「ハモンセラーノ」という、生ハムをはさんだベーグルも登場予定　2_地元の常連客と親しげに話しながら接客する様子がアットホームな雰囲気を感じさせた　3_ユウリュックは松永徹弥さん・葉月さん夫婦が自分たちで改装して作り上げた手作りの空間

DATA

ユウリュック

焼津市本町2-16-46
050-6867-2780
11:00～なくなり次第終了
日曜・月曜、祝日休
商店街共同駐車場を利用
JR焼津駅より徒歩10分

bon appetit !

他にはないベーグルがたくさん見つかる

国産小麦を使用した生地のモチモチ感とナッツのカリカリ食感がベストマッチ。ぜひ味わってほしい一品。　ハチミツ漬けナッツ430円

毎日食べても飽きないパンを目指して

カセ ラ クルート 下清水店

●静岡市清水区

ハイジの白パン
60円

国産小麦のおいしさを楽しむためにとバターや砂糖を使わずに焼いた白パン。小さな子どもでも食べられる

オープンは２０１５年９月。しかしそれ以前に、清水区小島にある店主の自宅兼製造販売店舗として営んでいる1店舗目があり、そのおいしさは評判をよんでいた。山間部にある小島店に行くのは大変だという人でも、その味わいを手軽に楽しめるようになったのはうれしい。同店の特徴は、北海道産小麦を使用し安心・安全でリーズナブルなこと。「家庭の主婦が家族の健康を考えて焼くというスタンスで、毎日食べても飽きない、風味豊かなパンを意識しています」と、店主の真野さん。「玄米あんぱん」や「イギリス食パン」などを頬張った時に感じる風味、もっちり感は感動ものだ。水分が多くモチモチとした食感になりやすい北海道産小麦、その旨味を最大限に引き出せるよう手間と工夫を凝らし、それでいて価格は１００円前後におさえている。心地いい歯ごたえと風味をぜひ試してみて。

1_店内には国産小麦を使用した全20種類ほどのパンが並ぶ。小ぶりでももっちりとした腹持ちのよいものばかり　2_女性らしく、こぢんまりとしたディスプレイに小さなパン。見た目は地味でもその味には存在感がある　3_女性に人気、玄米パンの「ごま風味ごぼうサラダ」150円

DATA

カセ ラ クルート 下清水店

静岡市清水区下清水町6-12
054-352-6828
10:30〜18:00
日曜・月曜休
駐車場1台
東名高速清水ICより車で約15分

bon appetit !

生地がおいしい あんぱんがウリ

玄米粉を配合、こしあんとつぶあんの2種類がある。ムチムチっとした食感と豊かな風味がクセになりそう。　玄米あんぱん 120円

変わらない味にホッとする　懐かしいパン

梅原製パン　ちいさなぱんやさん

●焼津市

あん食パン　1枚120円

1枚でも、1斤でも買える。食パンにあんこを練り込んでいるので、トーストすれば小倉トーストに!

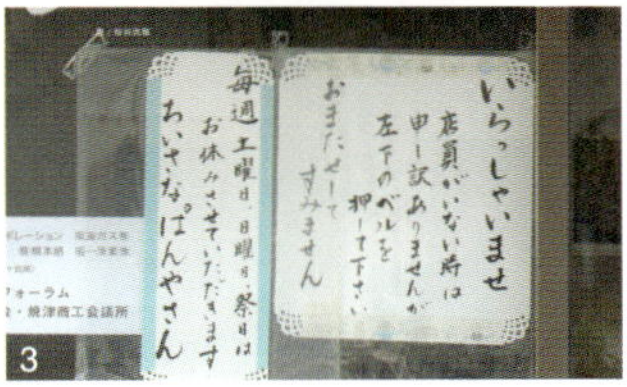

1_30種類ほどのパンが並ぶ。豊富にある11時前後がおすすめの時間帯　2_おやつにぴったりのラスクやワッフルも売っている　3_お店の方が不在の際は、左側にあるインターホンを押して　4_レトロな袋が可愛い。当時、デザイナーに依頼するのはかなり斬新だったとか　5_対面販売式なので、好みのパンを伝えて

初代である祖父が「ロバのパン屋」をはじめたのが今から70年ほど前。その後、学校給食のパン工場となり、現在3代目。時代とともに焼津地区のパン文化を担ってきた梅原製パン工場の一角にあるのが「ちいさなぱんやさん」だ。その名のとおり小さなお店で、時には無人のことも。その際はインターホンを押すと工場からスタッフが来てくれるという、なんとも微笑ましいスタイル。「学食で食べたあのパンを食べたくて」と、買いにくる人も多い。驚くのは、味も値段も昔から変わっていないところ。「昔から変わらないパンが時代を超えて愛されるんですよね。50年〜70年のロングセラーもありますよ」と話すのは3代目の梅原達仁さん。唯一リニューアルしたのが「食パン」。懐かしくてホッとするパンは確かに時々ふと食べたくなる味。他ではなかなか味わえないだろう。

DATA

梅原製パン　ちいさなぱんやさん

焼津市小川新町3-2-31
054-628-5337
8:30〜17:30
土日・祝日休
駐車場あり
焼津駅から車で5分

bon appetit !

昔より進化した角食パンに注目

ミルキーでふわふわ。そのまま生で食べてもおいしい。次の日までに食べるのがおすすめ。
食パン250円

ママも嬉しい　身体にやさしい無添加パン

はぴパン

●焼津市

こだわり食パン
319円

やわらかくてしっとりした食パン。9時頃焼き上がり、その後追加はないので早めに

1_あんこは北海道産の小豆・砂糖を使用　2_まるで絵本から飛び出てきたようなキュートな外観　3_16時くらいまでパンを焼いているので夕方でも焼き立てがあるのが嬉しい

9割以上が女性客。実際、取材時もお昼を求めるOLさんや小さな子どもが夢中になってパンを選ぶ姿が印象的だ。「こじんまりとしたお店の良さを生かし、ちょっとずつこまめに焼くようにしているのでタイミングが合えば焼き立てに出会えますよ」と話すのは店主の川口貴弘さん。川口さんは会社員を経てパンの道へ。安定した生活よりも自分のやりたいことを追求したいと店をオープンしたのが5年前。パンはいつも食べるものだから安全なものを、がモットー。一部のパンには天然酵母を使い、卵・牛乳不使用のパンもある。食パンはじめ、カレーパン、塩パンといったお馴染みの人気パンが充実している。また、季節ごとにイベントを開催しており、特に夏とお正月に行われる、お得な『パンの福袋』は予約で完売してしまうほどの人気。情報はお店でチェックを。

DATA

はぴパン

焼津市大村1-1-1
054-620-3202
9:00〜18:00　なくなり次第終了
月曜、第2・第4・第5日曜休
駐車場4台
焼津ICから車で7分

bon appetit !

甘じょっぱいハーモニーがたまらない！

塩バターロールの中にはこしあんが。甘い&しょっぱいが両方楽しめる人気NO.1のパン。
塩あんバター138円

SHIZUOKA BRAED GUIDE

01

やっぱり定番の
食パンと言えばコレ

角食

角食パンは方に入れて焼くため
しっとり感を感じやすい食パン。
どんなものにもよく合う。

アイコンの説明
… 重さ
… 焼き上がり時間
… 食感

Boulangerie Mosaïque

トースト食パン3斤

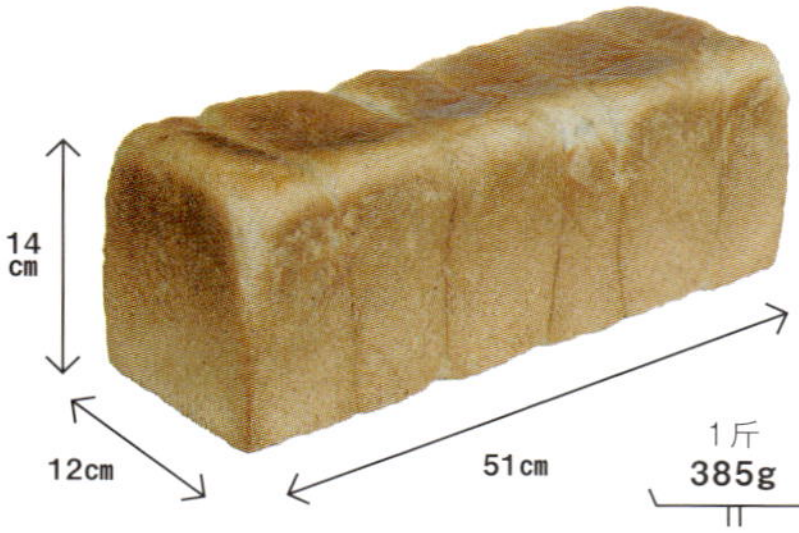

1斤
385g

ソフトでふんわりさっくりしたクセのない食感に、小麦の香り。そのまま食べても、サンドイッチにしても。280円(1斤)～

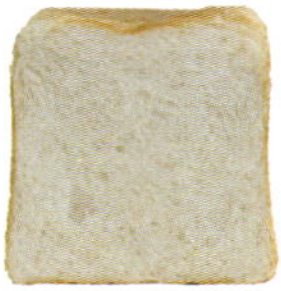

12:00
もっちり ——●— ふわふわ

Boulangerie
Mosaïque
⇨P.024

小さなパン屋さん ワタナベーカリー

ナベ食パン3斤

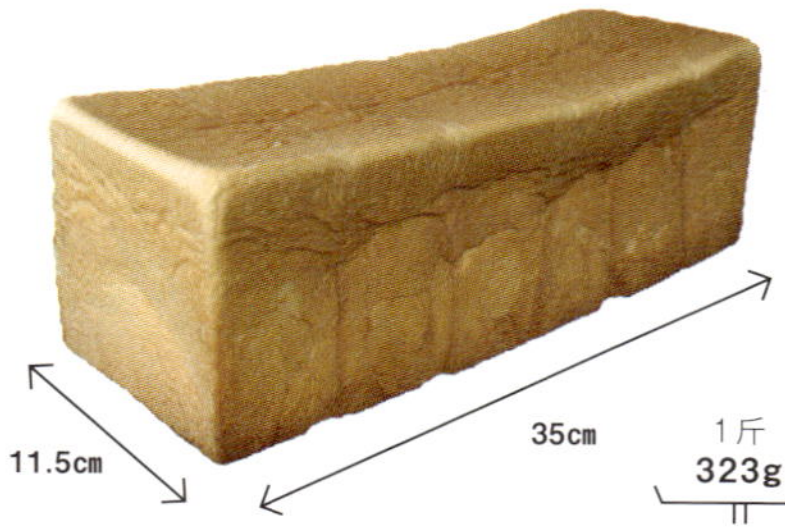

1斤
323g

しっとりふわふわの食感。甘みがあり、後引く美味しさ。耳もやわらかく、生食したいソフトな食パン。270円(1斤)～

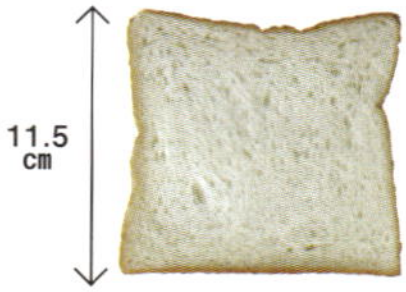

8:00
もっちり ———●ふわふわ

小さなパン屋さん
ワタナベーカリー
⇨P.020

ブランジュリ メルシー

角食パン3斤

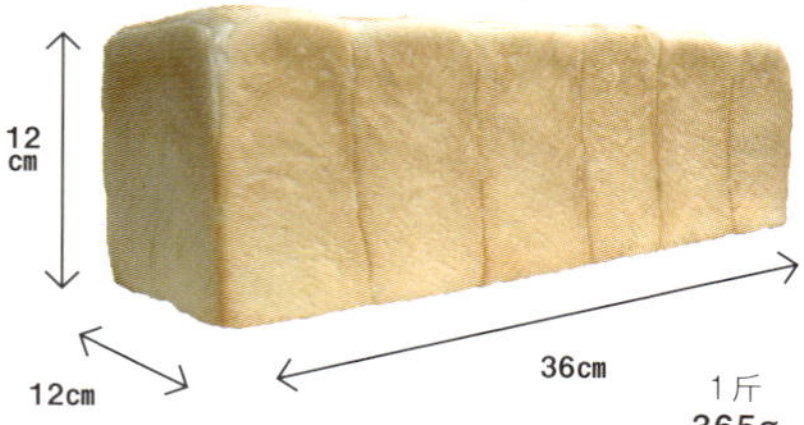

1斤
365g

キメ細やかで、もっちりふわふわな食感。そのまま何もつけずに食べても美味しい、シンプルな味わい。319円(1斤)～

10:00
もっちり —●— ふわふわ

ブランジュリ
メルシー
⇨P.028

nico

角食パン3斤

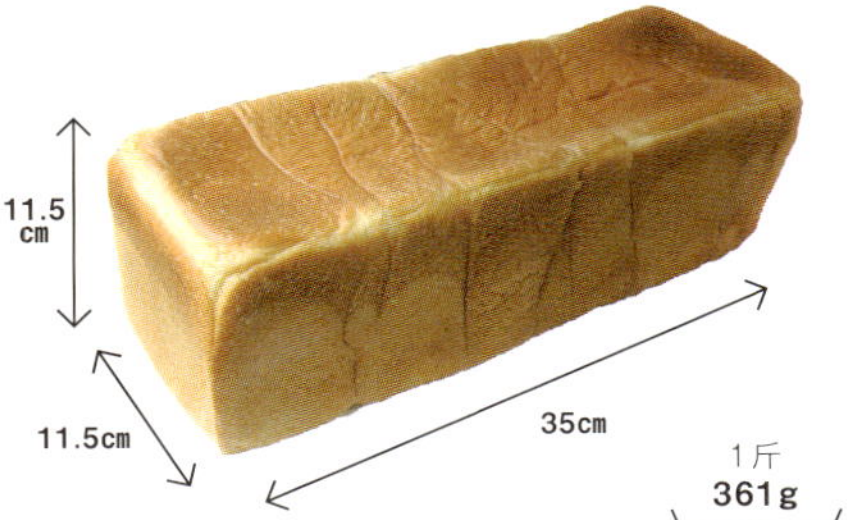

1斤
361g

パンの耳はしっかりした歯応えで噛みごたえがあり、中はしっとりした舌触り
270円(1斤)〜

10:00

もっちり ふわふわ

nico
⇨P.016

ぱんだぱん

食パン3斤

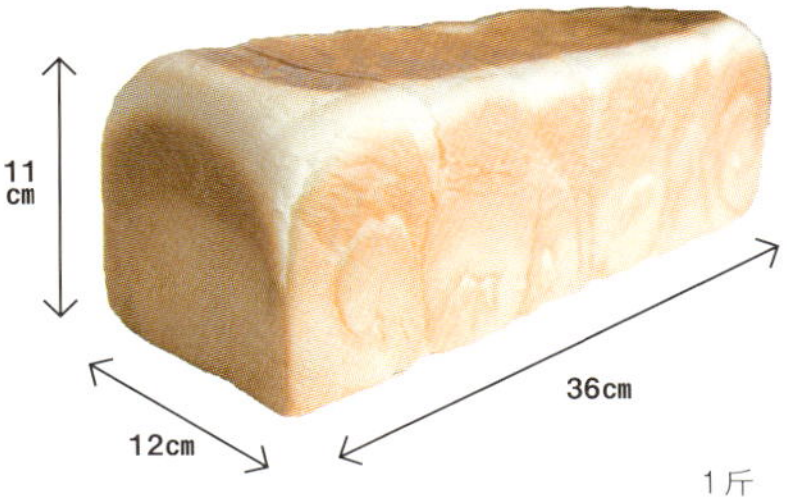

1斤
390g

もちもちっとした食感になるよう、数種類の小麦を配合。油分はフレッシュバターのみ。パンの甘味を存分に楽しめる 237円(1斤)〜

11:00

もっちり ふわふわ

ぱんだぱん
⇨P.092

ベッカライルンベルグ

角食パン3斤

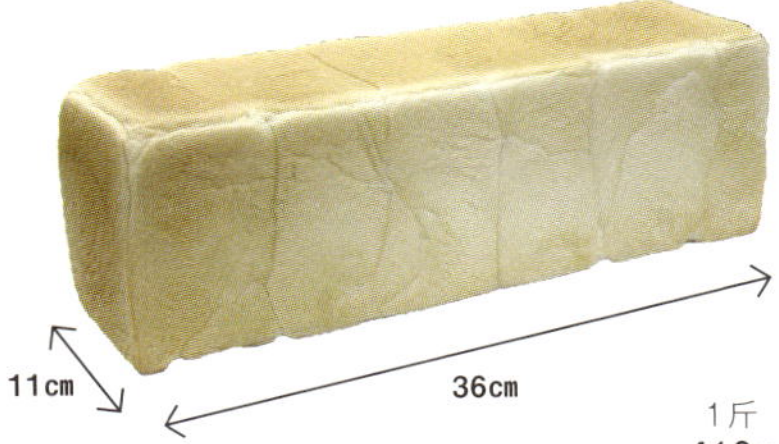

1斤
410g

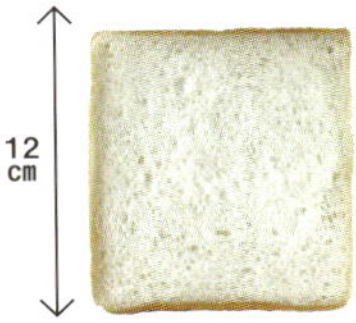

酒種の芳醇な香りと味わい深さを楽しめる食パン。トーストした時の香りの良さが特長。
270円(1斤)〜

9:30

もっちり ふわふわ

ベッカライルンベルグ
⇨P.088

ボンパン

ボン食パン

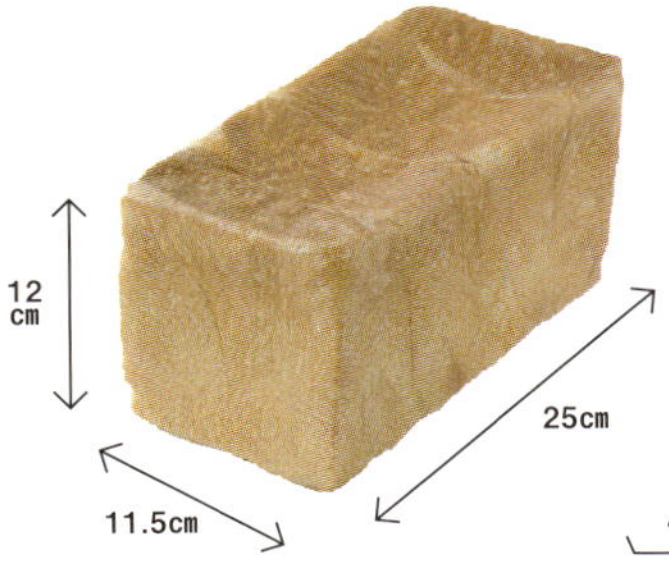

420g

キタノカオリとはるゆたかを使用。もっちりした生地は、噛むほど豊かな粉の旨味と甘味が広がる。320円(1斤)〜

10:00

もっちり ふわふわ

ボンパン
⇨P.012

BOULANGERIE　伊藤屋

パンドミ3斤

お米も大好きという伊藤さんらしい、何もつけずにそのまま食べ進められるあきのこない食パン。360円（1斤）～

10:00

もっちり ・・・●・・・ ふわふわ

BOULANGERIE 伊藤屋

⇨P.008

SHIZUOKA BRAED GUIDE

02

その店の個性が出やすいのはコレ

山食

焼きの強さの強さなどが出やすい山型食パン。こだわりのパンやジャムなどをたっぷり塗って食べたい。

アイコンの説明

… 重さ

… 焼き上がり時間

… 食感

nico

山型食パン

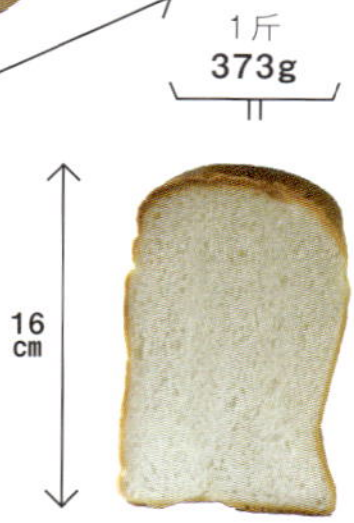

山型がふんわり盛り上がって、食感はやわらかめ。日本人好みの食パン。300円（1斤）～

11:00（水曜限定）

もっちり ・・・・・・● ふわふわ

nico

⇨P.016

ベッカライ・レッヒェルン

ハードトースト2斤

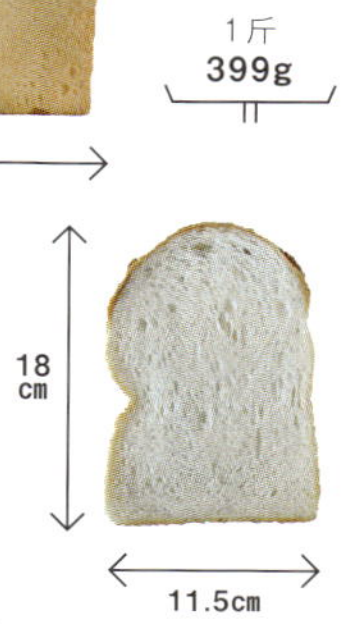

焼き目は強く、香ばしさが際立ったしっかり、もっちりした歯応えのある食感。ハードトースト302円（1斤）～

9:10

もっちり ●・・・・・・ ふわふわ

ベッカライ
レッヒェルン

⇨P.048

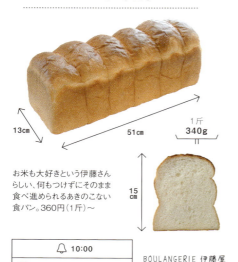

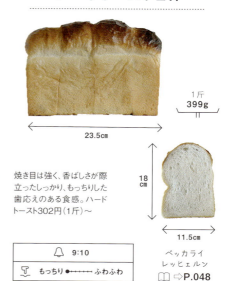

nature やさしいぱんとひとときき

山型食パン（大）

423g

国産小麦と自家製天然酵母の織りなす、ふんわりミルキーな味わいがたまらない。トーストせず、まずはそのまま味わって! 420円

10:30

もっちり ●-------- ふわふわ

nature
やさしいぱんとひととき
⇨P.032

bakery labo

全粒粉の山型食パン1本

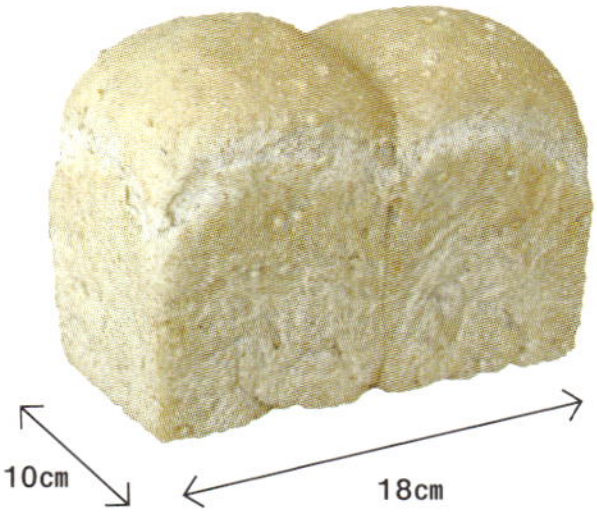

ハーフ
270g

オーガニック全粒粉を使って湯種製法で作られており、もっちり香り高い。
1本580円、ハーフ290円

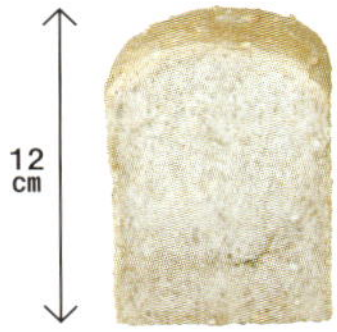

10:00

もっちり ●-------- ふわふわ

bakery labo
⇨P.044

PALETTE THE BAKERY FUJIEDA

ハードトースト（1/2本）

1斤
368g

油脂、砂糖、卵、乳を使わず、独自にブレンドした小麦とホップ種を混ぜ焼き上げた食パン。粉の風味が軽快で食べ飽きない。250円（1/2斤）～

12:30

もっちり --●----- ふわふわ

PALETTE THE BAKERY
FUJIEDA
⇨P.068

にこぱんベーカリー

山食1斤

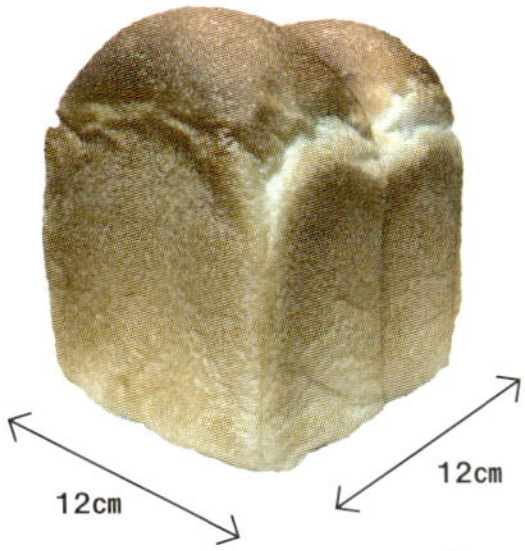

1斤
465g

しっとりもちもちとした食感と奥深い香り、酵母の甘みをシンプルに味わえる。人気ゆえに予約が確実。

300円（1斤）～

5:30

もっちり ●-------- ふわふわ

にこぱんベーカリー
⇨P.084

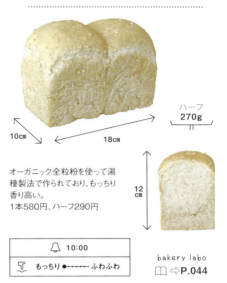

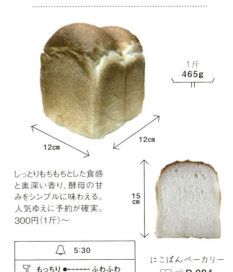

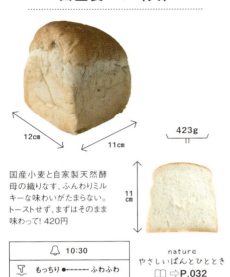

Boulangerie Mosaïque

高加水バゲット

45cm

4cm

260g

8cm

粉に対して水分率87%を加水した高加水生地で仕込んだバゲットは、そのままでもよし。具材の受け手としても秀逸。薄めなので具を挟んでも食べやすい。280円

9:00
かため ─●───── やわらか

Boulangerie Mosaïque
⇨P.024

SHIZUOKA BRAED GUIDE

03

好みのパン屋を
見つける指針になる

バゲット

硬さや歯応え、粉の味など、
バゲットほど好みが現れやすいパンはない。

アイコンの説明

… 重さ
… 焼き上がり時間
… 食感

nico

バタール

37cm

4.5cm

186g

6cm

ルヴァンが生かした生地の旨みを感じる一品。生地はもっちり、歯応えあり。240円

10:30
かため ─●───── やわらか

nico
⇨P.016

ブランジュリ メルシー

バゲット

43cm

5cm

7cm

270g

クープの美しさが際立つ、外はパリッ、中はモチッの味わいが楽しめるバゲット。深い香りと弾力ある食感も魅力。319円、ハーフ159円

10:00
かため ●────── やわらか

ブランジュリ メルシー
⇨P.028

BOULANGERIE　伊藤屋

バゲット

強めに焼き上げられたスリムでシャープなルックスのバケット。気泡は細かく、噛むほどに粉の甘味と旨味が広がる。300円

10:00

かため ●　やわらか

BOULANGERIE
伊藤屋
⇨P.008

ベッカライ・レッヒェルン

3時間発酵バケット

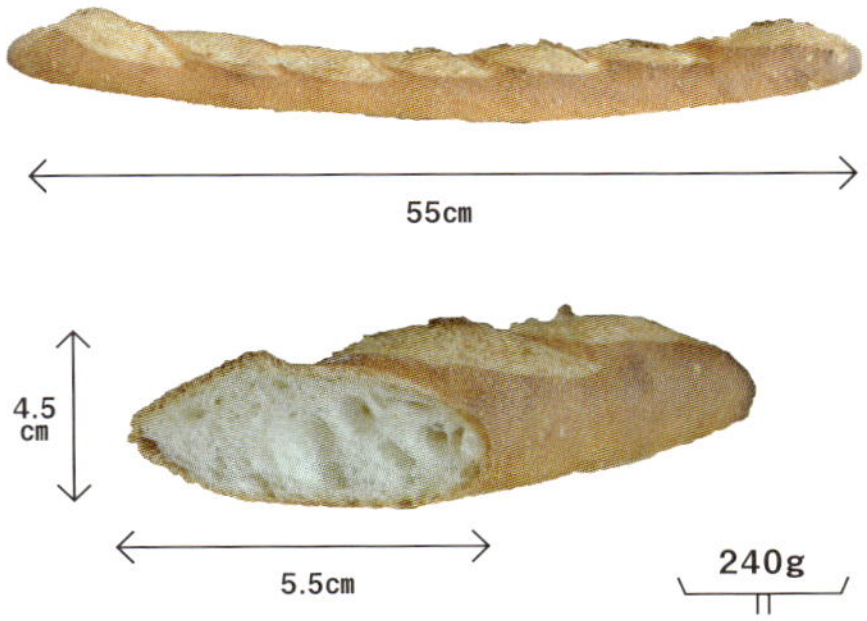

中は味も歯応えも軽い食感で、外側はパリッと焼けた細長いバゲット。スープに合う。302円

9:50

かため ●　やわらか

ベッカライ
レッヒェルン
⇨P.048

ボンパン

バゲット

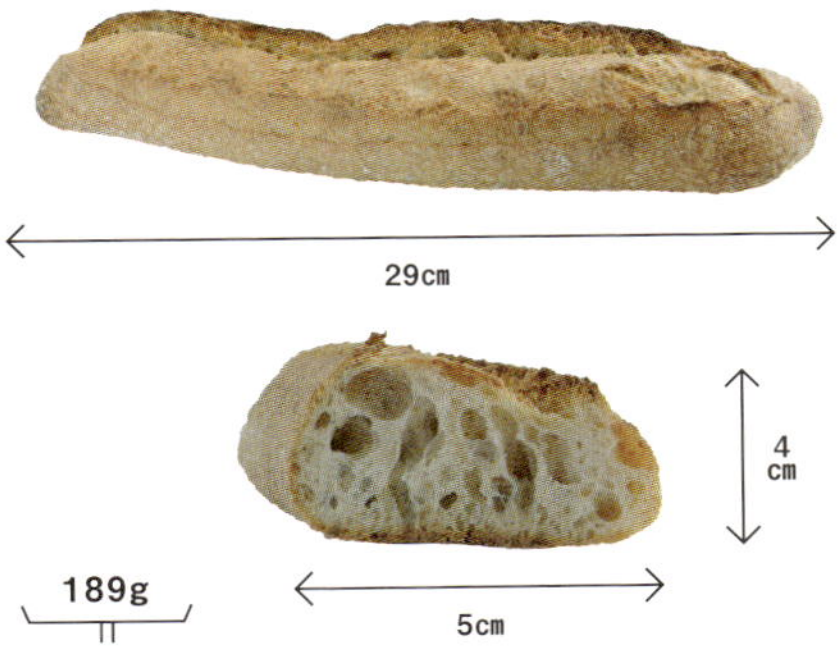

自家製ルヴァン液を使用し、低温長時間発酵させて旨味をひきだしている。長くしっかり入ったクープも食欲をそそる。235円

9:00

かため ●　やわらか

ボンパン
⇨P.012

小さなパン屋さん　ワタナベーカリー

ナベバゲット

香りの良さが引き立っている。表面も生地も柔らかめで食べやすい。塩味があり、はっきりとした味わい。220円

10:30

かため ●　やわらか

小さなパン屋さん
ワタナベーカリー
⇨P.020

SHIZUOKA BRAED GUIDE

04

デザート系パンの
技術力が分かる

クロワッサン

ちょっとお菓子的な要素もあるクロワッサン。
バターと生地のコンビネーションで
味が全然違う。

アイコンの説明
- … 重さ
- … 焼き上がり時間
- … 食感

ブランジュリ メルシー

クロワッサン

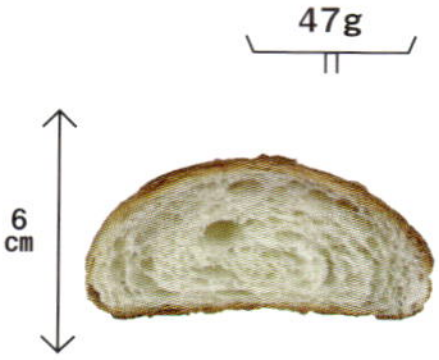

バターの香りがふわっと広がり、かみしめるほどに美味しさがあふれる絶品クロワッサン。191円

10:00
サックリ ——●— しっとり

ブランジュリ
メルシー
⇨P.028

nico

クロワッサン

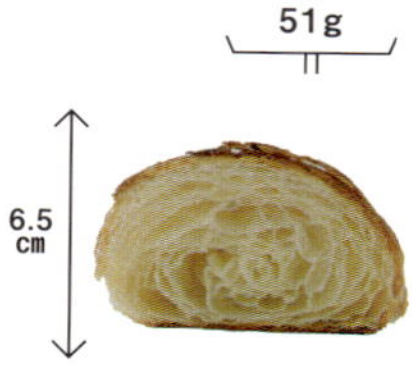

外はサックリしていて、中はしっとりと理想的食感。バターの香りがほどよい。180円

10:00
サックリ ——●—— しっとり

nico
⇨P.016

ボンパン

クロワッサン

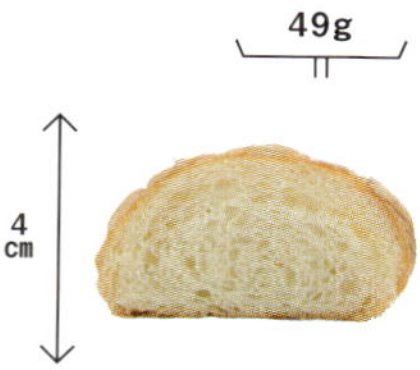

素材を厳選し、食感と香りにこだわっている。生地は繊細だけれど噛み応えがあり、上質なバターの風味が広がる。220円

9:00
サックリ ———●— しっとり

ボンパン
⇨P.012

Pain de ours

発酵バタークロワッサン

発酵バターを贅沢に使った、コクと甘みが広がる上品なクロワッサン。あえて層を少なくしているのでふんわりした口当たり。151円

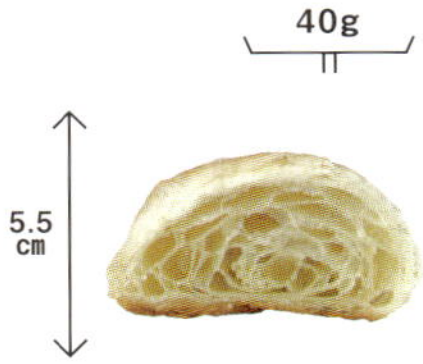

11:00

サックリ　しっとり

Pain de ours
⇨P.040

Boulangerie Mosaïque

クロワッサン

フランスのイズニー社のバターを使用したクロワッサンは、噛むとほろほろと層が崩れ、やさしいミルクの香りが広がる。230円

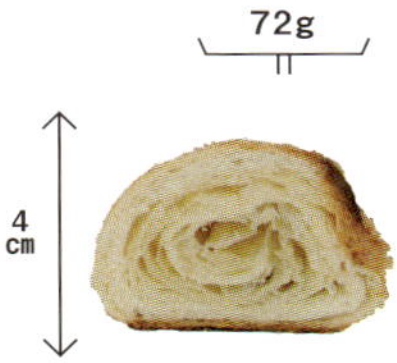

9:00

サックリ　しっとり

Boulangerie Mosaïque
⇨P.024

Patisserie Moriya

クロワッサン

パティシェならではの繊細なクロワッサン。巻きが細かく、触感は軽い。風味も後をひく。190円

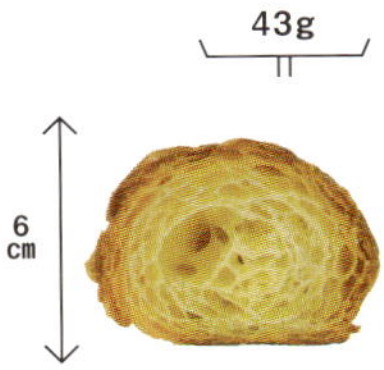

10:00

サックリ　しっとり

Patisserie Moriya
⇨P.080

ベッカライ・レッヒェルン

サクサククロワッサン

まさにお手本のように仕上がった、キレイな形と焼き上がり。技術の高さが分かるクロワッサン。157円

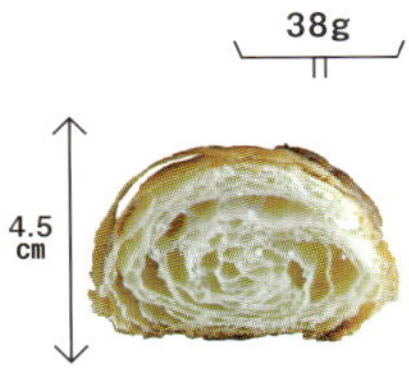

8:00

サックリ　しっとり

ベッカライ
レッヒェルン
⇨P.048

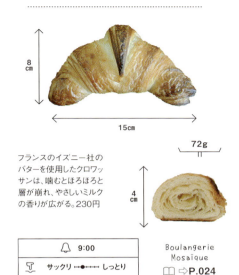

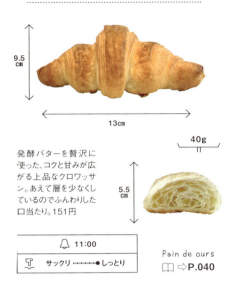

COLUMN

パンと一緒に食べたい おいしい相棒

パンの友

食パンやバケットなどに塗って食べたい、
とびきりおいしいジャムを紹介します。

「バーチ」の オーガニックジャムもも（800円）

⇨ナチュール P032

フレッシュで水気が少なく甘酸っぱいイタリア産ピーチを使用。もぎたての桃を味わっているようなみずみずしさ。原材料は全て厳選されたオーガニック。ペクチン、増粘剤不使用

「さじかげん」の 季節のミックスジャム（650円～）

⇨ナチュール P032

磐田の農家に嫁いだ永田絢子さんが作っている「さじかげん」の手作りジャム。地元の果実と砂糖、レモン汁だけで作っているため、果汁たっぷりでフレッシュな味わい！

「デイリーフーズ」の 黒ごまペースト（390円）

⇨パンの材料屋maman
静岡市駿河区桃園町8-10
054-256-1250

黒ごま、はちみつ、三温糖、塩のみで余分なものは一切使わず、シンプルな素材で作られた黒ごまペースト。ジャムに塗ったり、お餅に塗ったり、ねりごまのように料理にも使える優れモノ

「草里」の
手作りジャム（650円〜）

⇨草里　静岡市清水区春日2-2-13

フルーツをふんだんに使ったケーキやコーヒーで有名な清水の名店「草里」の手作りジャム。ケーキ用に仕入れた季節の最高ランクのフルーツをおしげもなくたっぷり使っている

「松永製餡所」の
パンに塗る小倉あん（670円）

⇨Pain SINGE　P096

十勝産契約栽培小豆を氷砂糖と塩、寒天で炊いたあんこ。名古屋の小倉トーストを再現したなら、このペーストがあれば大丈夫。400gのたっぷり容量だから、おしげなく塗れる

「やまゆスイーツ」の
マーマレード（850円）

⇨ベーカリーラボ　P044

英国マーマレードアワードで3年連続金賞受賞している藤枝「やまゆスイーツ」のマーマレード。写真はレモンマーマレード。無農薬か減農薬のものを使用。甘夏や金柑、ライムなどもある

「chipakoya」の
季節ごとのジャム（650円〜）

⇨chipakoya
静岡市駿河区稲川2-9-8
090-8540-7396

公園前に位置する「chipakoya」は、ジャムやマフィンを売るお店。手創り市などでも人気のジャムは、季節ごとにじっくり手間をかけて作った品。フレーバーの組み合わせが面白いものも

SHIZUOKA BRAED GUIDE

MAP

この本で紹介したお店のコマ地図をエリアごとに分けて掲載しています。
最終的には本編に出ている住所で調べて行くのがベターですが、
大体このあたりにある、という事前の下調べガイドとして使って下さい。

静岡市 清水区

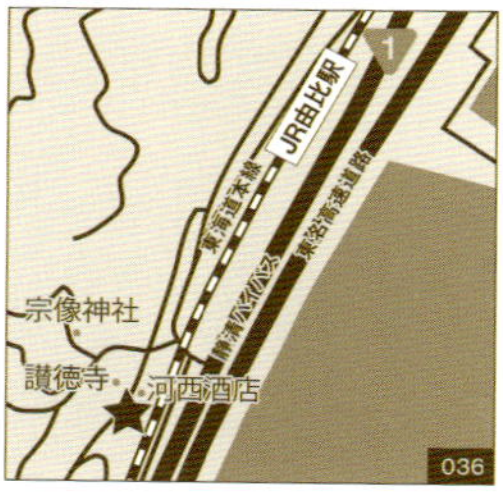

NEWS
by 河西新聞店
036

MAISON H
056

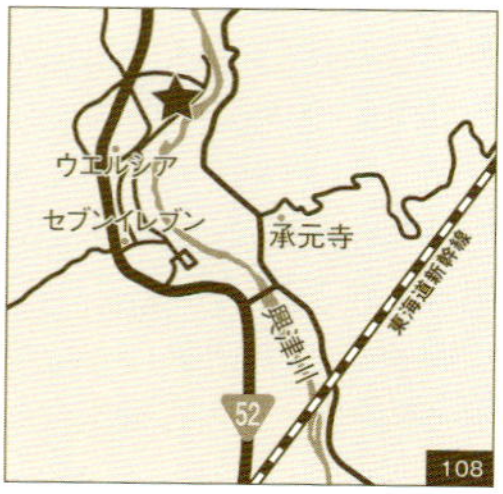

カセ ラ クルート
下清水店
108

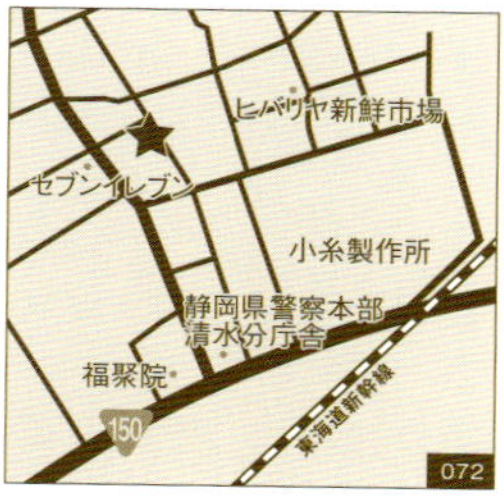

PLAIN BAKERY
072

ブランジュリ メルシー
028

静岡市
葵区

ぱんだぱん
092

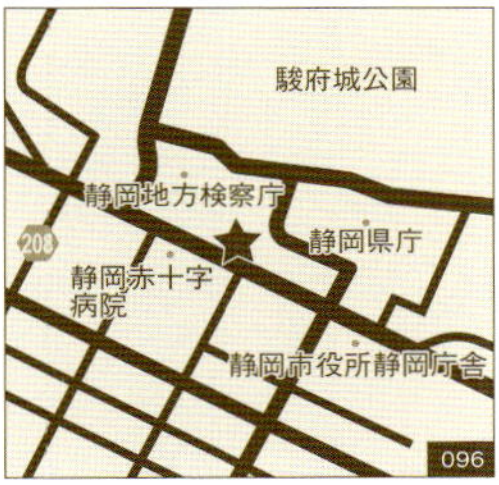

Pain SiNGE
096

ぱんやnico
016

小さなパン屋さん
ワタナベーカリー
020

ベッカライ・レッヒェルン
048

パン工房　コロネ
060

nature
やさしいぱんとひとときき
032

BOULANGERIE
伊藤屋
008

ほしぱん
076

焼津市

Patisserie Moriya
080

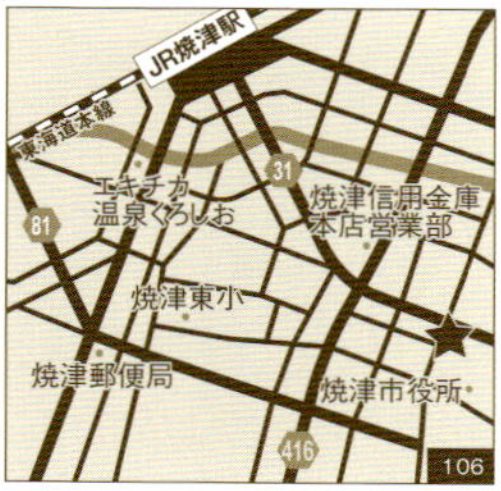

YURUK
106

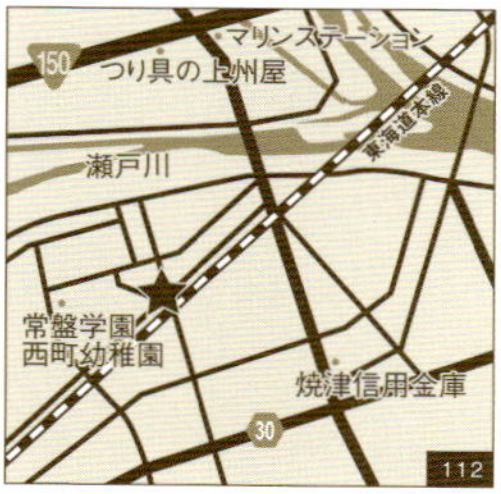

はぴパン
112

Pain de ours
040

静岡市
駿河区

Boulangerie Homi
100

池田の森
ベーカリーカフェ
104

skywalker
bakery&cafe
052

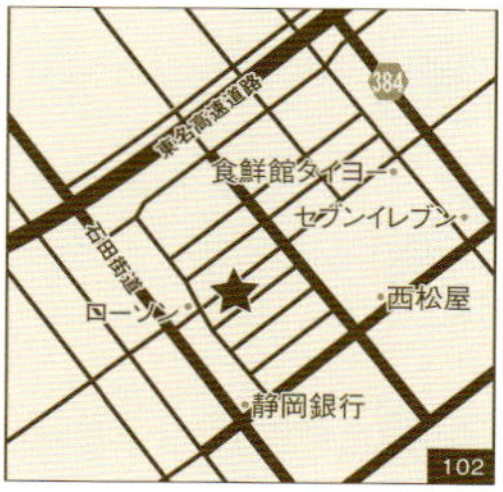

エッセンブロート
102

ボンパン
012

島田市

にこぱんベーカリー
084

天然酵母 ららぱんや
064

bakery labo
044

梅原製パン
ちいさなぱんやさん
110

ベッカライ　ルンベルグ
088

藤枝市

PALETTE
THE BAKERY
FUJIEDA
068

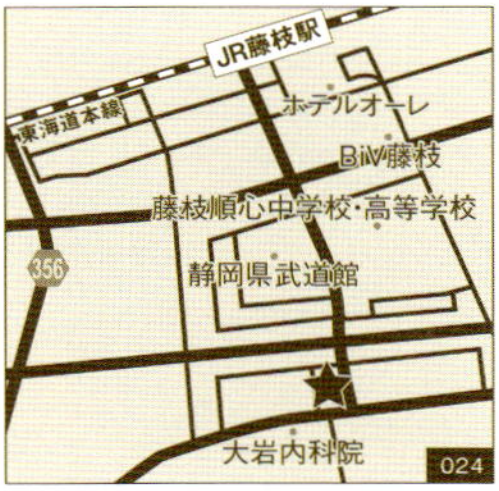

Boulangerie
Mosaique
024

Staff

編集・制作

(有)マイルスタッフ
TEL:054-248-4202
http://milestaff.co.jp

取材・撮影

朝比奈綾　鈴木詩乃
岩科蓮花　村松高志
加藤沙絵　山下有子
近藤ゆきえ

デザイン・DTP

石田淳

地図

徳谷紀久子

静岡　至福のパン　～30軒のおいしい物語～

2018年10月30日　第1版・第1刷発行

著　者　ふじのくに倶楽部（ふじのくにくらぶ）
発行者　メイツ出版株式会社
代表者　三渡　治
〒102-0093 東京都千代田区平河町一丁目1-8
TEL：03-5276-3050（編集・営業）
03-5276-3052（注文専用）
FAX：03-5276-3105
印　刷　株式会社厚徳社

ご意見・ご感想はホームページから承っております。
メイツ出版ホームページアドレス　http://www.mates-publishing.co.jp/
編集長：折居かおる　副編集長：堀明研斗
企画担当：千代　寧